国家自然科学基金项目（31460171）
贵州省科学技术基金项目（黔科合J字〔2015〕2075号）
贵州省教育厅项目（黔教合KY字〔2017〕003）
贵州省教育厅项目（黔教合KY字〔2017〕136）
贵州民族大学教育教学改革项目（GUN2016JG29）
贵州民族大学教育教学改革项目（GUN2016JG18）

贵州省优势木种纤维增强HDPE复合材料性能研究

曹岩 / 著

西南交通大学出版社
·成都·

图书在版编目（CIP）数据

贵州省优势木种纤维增强 HDPE 复合材料性能研究 / 曹岩著. —成都：西南交通大学出版社，2018.1
ISBN 978-7-5643-5999-7

Ⅰ. ①贵… Ⅱ. ①曹… Ⅲ. ①木纤维－高密度聚乙烯－非金属基复合材料－力学性能－研究 Ⅳ. ①TB333.2

中国版本图书馆 CIP 数据核字（2017）第 320726 号

贵州省优势木种纤维增强 HDPE 复合材料性能研究

曹 岩 著

责任编辑	黄淑文
封面设计	墨创文化
出版发行	西南交通大学出版社 （四川省成都市二环路北一段 111 号 西南交通大学创新大厦 21 楼）
发行部电话	028-87600564 028-87600533
邮政编码	610031
网址	http://www.xnjdcbs.com
印刷	成都蓉军广告印务有限责任公司
成品尺寸	170 mm × 230 mm
印张	11
字数	183 千
版次	2018 年 1 月第 1 版
印次	2018 年 1 月第 1 次
书号	ISBN 978-7-5643-5999-7
定价	48.00 元

前言

近年来，贵州省大力推进生态文明建设，突出加强生态建设、调整产业结构、发展循环经济、全面深化改革四个重点，加快建设生态文明先行示范区，走出了一条经济和生态“双赢”的路子。同时，这也对贵州省的林业发展提出了更多和更高的要求，贵州现代林业建设也要发展一条特色的具有竞争力的道路，走生态建设与经济发展并重的发展道路。因地制宜，以贵州省特有优势品种对接林业市场，提高林产品的价值和附加值来激活贵州的林业市场，是很重要的一个发展方向。

木塑复合材料，简称木塑（Wood-Plastic Composites, WPCs），是以农林废弃物、木材加工剩余废料、废旧塑料等为主要原料，按照一定比例混合，适量添加助剂，经过高温熔融、混合、挤出、注塑、压制等成型工艺制备得到的一种主要用作天然木材和传统塑料制品的替代品的高性能、高附加值的绿色环保复合型材，在环境保护和节约能源等方面发挥了重要的作用。

贵州省主要森林采伐和加工树种马尾松（拉丁学名：*Pinus massoniana Lamb.*）和杉木（拉丁学名：Cunninghamia lanceolata (Lamb.)Hook.，又名：沙木、沙树等）等在加工过程中产生木屑、锯末和废料等剩余物的年产量极大，如此丰富的生物质资源除少量被作为低质燃料或原材料被粗放利用外，未得到充分合理的开发。另外贵州省每年塑料类消费量也相当巨大，废旧塑料的随意丢弃造成严重的环境污染。利用贵州省优势木种的木粉填充废旧塑料，制备成木塑复合材料，可用于户外地板、风景园林、外墙挂板、装饰材料等多方面，不仅可以缓解环境污染问题，而且有助于提高材料附加值，创造良好经济效益。

另外，木塑复合材料常用作建筑材料和户外栈道、凉亭、座椅、包装制品等，会长期暴露于自然环境中，它的应用范围、使用寿命都和使用环境有密切关系，尤其在贵州这样气候特别的省份，贵州位于中国西南的东南部，地理坐标位于东经103°36′～109°35′、北纬24°37′～29°13′，属亚热带高原季风湿润气候。贵州省温和宜人的气候给木塑复合材料的户外使用提供了有利的条件，但多雨湿润的天气不利于延长木塑复合材料的使用寿命，而且紫外光的强大能量可以破坏木塑复合材料中的自然纤维和合成高分子链，引发塑料的热氧化降解从而变脆，影响力学性能，同时使木纤维因产生大量自由基而降解，这都导致WPC的力学性能下降、寿命缩短。因此，对于马尾松、杉木纤维增强聚合物复合材料的老化性能研究更加重要。

本书从有效利用贵州省森林资源优势和废弃塑料的角度出发，采用挤出成型法制备马尾松纤维增强高密度聚乙烯（High Density Polyethylene，简称：HDPE）复合材料、杉木纤维增强HDPE复合材料以及马尾松纤维和杉木纤维的混合纤维增强HDPE复合材料，通过研究其密度、表面明度、颜色和尺寸稳定性等物理性能以及弯曲、拉伸和冲击等力学性能、蠕变和老化性能，以及马尾松纤维和杉木纤维的质量比对其增强HDPE复合材料的物理、力学性能的影响，以期为该种复合材料的应用提供参考。

实验结果表明，马尾松纤维/HDPE 复合材料的表面明度明显大于杉木纤维/HDPE 复合材料，且相对偏向绿黄色，而杉木纤维/HDPE 复合材料则偏向红蓝色。两种材料的密度、硬度和 24 h 吸水率相差均不超过 5%，但马尾松纤维/HDPE复合材料的24 h吸水厚度膨胀率是杉木纤维/HDPE复合材料的 3.43 倍。

杉木纤维/HDPE 复合材料的力学性能明显优于马尾松纤维/HDPE 复合材料，而马尾松纤维/HDPE 复合材料抗蠕变性较好，50 N 的载荷作用下 24 h 的应变仅为杉木纤维/HDPE 复合材料的 77.29%，但回复性能相对稍差。

固定马尾松纤维和杉木纤维与 HDPE 的质量比、减小马尾松木粉和杉木木粉的质量比，7 种混合木粉/HDPE 复合材料的密度相差不大，而表面明度值和黄蓝轴色度指数均呈现减小趋势；杉木木粉/HDPE 复合材料的吸水尺寸稳定性较好，24 h 吸水率和 24 h 吸水厚度膨胀率分别为 2.412%和 1.411%，更适合在户外潮湿环境中使用；随着马尾松木粉含量从 60%逐渐减小到 0，复合材料的力学性能逐渐增强，静曲强度（MOR）和静曲模量（MOE）分别提高了 47.46%和 22.91%，拉伸强度和拉伸模量分别提高了 92.44%和 131.58%，冲击强度提高了 70.03%。

对杉木纤维/HDPE 复合材料和马尾松纤维/HDPE 复合材料进行 6 个月的室内和户外的自然老化，并对比老化前后复合材料的表面明度、颜色、密度、弯曲、拉伸、冲击等物理和力学性能。实验结果表明，老化使复合材料的密度增加，马尾松/HDPE 复合材料的密度变化较小。室内老化使复合材料的表面明度变暗，户外老化使复合材料的表面明度变白，颜色均向红色和黄色方向移动。复合材料的拉伸性能受老化影响较为显著。户外的环境加快了木塑复合材料的老化降解速率。杉木/HDPE 复合材料的耐老化性能均优于马尾松/HDPE 复合材料。

最后，有必要在极端环境下研究马尾松/杉木/HDPE 复合材料耐老化性能以及循环加工“再生”材料的性能，并建立预测模型，指导适合在贵州省气候条件下使用的木塑产品的设计，为延长 WPCs 的使用寿命、提高产品的使用安全性和循环利用率、拓宽其应用范围提供理论参考依据，有利于促进贵州省木塑复合材料产业的发展，并为木材加工废料和废弃塑料的循环利用提供有效的途径。

因作者水平有限，书中难免存在疏漏之处，敬请广大读者批评指正。

作　者

2017 年 6 月

目　录

1 绪 论

1.1 引 言

中国共产党贵州省第十一届委员会第七次全体会议明确了贵州省推动绿色发展、建设生态文明的总体要求，强调坚持生态优先、绿色发展，坚持绿水青山就是金山银山，坚守发展和生态两条底线，大力发展绿色经济、打造绿色家园、完善绿色制度、筑牢绿色屏障、培育绿色文化，促进大生态与大扶贫、大数据、大旅游、大健康等融合发展，着力建设资源节约型、环境友好型社会，努力走出一条速度快、质量高、百姓富、生态美的绿色发展新路。同时也对贵州省的林业发展提出了更多和更高的要求，贵州现代林业建设也要发展一条有特色的、具有竞争力的、经济和生态“双赢”的道路。因地制宜，以贵州省特有优势品种对接林业市场，提高林产品的价值和附加值来激活贵州的林业市场是很重要的一个发展方向[1-3]。

下文概述了在木材和木塑复合材料的外观和颜色处理、表面的软化处理、尺寸的稳定性处理、力学性能的强化处理以及阻燃、抑烟和防腐处理等改性方法，提出了发展方向，为贵州省优势木种木材的附加值的提高和木材以及木塑复合材料改性的进一步研究提供一定的参考依据。

1.2 木材改性研究现状

1.2.1 木材外观和颜色处理技术

漂白可除去单板表面的蓝变色和色斑，脱色后的单板可进行再染色处理[4]。伊春林业科学院的王贵来、宋宝昌等研究人员[5]和中国林科院木材工业研究所，国家林业局木材科学与技术重点实验室以及北京林业大学材料科学与技术学院的刘志佳、李黎、鲍甫成等研究人员[6]曾用过氧化氢、$NaClO_2$等漂白剂预处理以及氢氧化钠或氨水等渗透剂提高木材色泽变浅或褪色等漂白效果，同时提出漂白的时间和漂白的温度对漂白效果会产生很大影响。

另外，木材的防变色处理有利于保持木材的色调和纹理，从而提高其制品的价值。除了木材树种本身的成分差异以外[7]，自然界的阳光、氧气、环境的温湿度、酸碱性物质和变色菌等均会导致木材的变色[8]，所以在做木材的防变色处理之前要分析木材变色的主要因素[9]。

常用的防变色处理的物理方法是利用萃取剂萃取浸提物，通过控制温湿度来抑制或杀死变色菌，在木材表层涂饰薄膜，有助于阻水和挡光；常用的化学方法可在木材表层涂饰紫外线吸收剂，或使用抗氧化剂溶液或者 pH 调节剂溶液来处理木材表面[10-12]。

针对贵州省特色树种杉木（学名：Cunninghamia lanceolata (Lamb.) Hook.，又名沙木、沙树等），它的染色材色度学特征与解剖因子间存在着一定的变化规律，而木材组分中木质素的化学结构与酸性染料十分相似，使其较纤维素和半纤维素更加容易染色，这对染色工艺的开发具有十分积极的意义[13,14]。

1.2.2 木材表面软化处理技术

液态氨、气态氨、氨水和联氨等含氮化合物处理法及蒸煮法是木材表面软化的常用处理方法。其中含氮化合物处理一般比蒸煮法效果明显，原因在于 N 原子比 O 原子更容易与 H 原子形成氢键。另外，饱水状态下微波加热成型法是使温度达到半纤维素和木质素的玻璃化转变温度，迅速降低木材的含水率并使其瞬间进入软化状态，便于进行弯曲加工以及干燥定型。牡丹江林业科学研究所和牡丹江市林业局的姜海波等学者[15]还用过高频电加热法和碱处理法（如尿素处理法）软化木材表面。

1.2.3 木材尺寸的稳定性处理技术

木材是极性的，易吸水，且湿胀干缩[16]。木材尺寸稳定化处理技术有热处理方法和添加拒水剂的方法，如利用硅油和石蜡等对其表面进行防水处理。南京林业大学干燥技术研究所和华南农业大学林学院以及浙江世友木业有限公司的研究人员[17]曾在约 200 °C 的超高温下低氧处理柞木（学名：*Xylosma racemosum*(*Sieb. et Zucc.*)*Miq.*，又名：凿子树，蒙子树，葫芦刺，红心刺，也称蒙古栎）、白蜡木（学名：*Fraxinus chinensis*）、荷木（学名：*Schima superba Gardn. et Champ.*）和香樟[学名：*Cinnamomum camphora (L.) Presl.*，又名：樟树、樟木、瑶人柴、栳樟、臭樟、乌樟]，发现细胞壁中羟基减少，吸湿性显著下降，有效提高了木材的尺寸稳定性。

以上用到的处理方法均是物理方法，此外还有化学方法。化学方法主要是应用聚乙二醇、乙酸酐、酚醛树脂、脲醛树脂等与木材中羟基形成热固性树脂，可大幅改善处理材的尺寸稳定性，值得推广。

1.2.4 木材力学性能的强化处理技术

以贵州省的特有木种杉木为例，热压技术中的温度和压力对杉木表面的强化效果有至关重要的影响。福建农林大学材料工程学院的陈瑞英、魏萍、刘景宏等学者[18]曾报道，杉木间伐材的最佳热压工艺为先用具环保性的 CH 蒸煮添加剂软化待处理材，并控制压缩前的含水率为 50%、压缩时间 30 min 左右、热压温度 180～200 °C、压缩率为 50%～60%、压缩后的厚度 20 mm，得到处理材的物理、力学性能等特性明显提高。

1.2.5 木材阻燃、抑烟和防腐处理等改性技术

阻燃方法和阻燃剂的种类决定了木材的阻燃效果。阻燃方法主要有浸注法、喷涂法、贴面法、热压法、复合法、辐射法、超声波法、离心转动法和高能喷射法等[19]。同时，阻燃剂又有非膨胀性阻燃剂和膨胀性阻燃剂之分。木腐菌导致木材腐朽，因此需要对木材进行防腐处理，选用防腐剂时尤其要考虑到其健康性、安全性和环保性以及回收利用率和成本。

1.3 木塑复合材料概念、特点及应用

木塑复合材料简称木塑（Wood-Plastic Composites, WPCs），为生物质-聚合物复合材料的俗称，是一种由木质纤维材料与聚合物材料复合而制成的复合材料。它是新型的高性能、高附加值环保材料，在环境保护和节约能源等方面发挥了重要的作用。

木塑复合材料作为一种环保型的新材料受到人们的重视，被誉为 21 世纪的软黄金。近年来，人们对于环境的保护越来越重视，并逐渐将目光落到环境友好、可降解、可循环利用的木塑复合材料上。木塑复合材料目前已经广泛应用到建筑装修、装饰基材和包装材料以及家具等很多领域。木塑复合材料在生产和使用过程中克服了木材、混凝土、陶瓷和金属等材质的缺点，如木塑复合材料产品质坚、量轻、保温、防水防潮、防腐、防白蚁，颜色众多、可塑性强、可加工性好、(类似木材）可钉、可刨、可锯、可钻、可黏、表面光滑细腻平整、可上漆、无须砂光和油漆（其油漆附着性好，亦可根据个人喜好上漆)、安装简单、施工便捷、不需要繁杂的施工工艺，节省安装时间和费用，不龟裂、不膨胀、不变形、无须维护与养护、便于清洁，节省后期维修和保养费用等。高环保性、不含甲醛及其他有害物质、无污染、无毒害（无公害)、可重复加工(类似塑料)、可循环利用、100%回收、高防火性、抗腐蚀、不长真菌、耐酸碱、吸音效果好。

木塑产品独特技术能够应付多种规格、尺寸、形状、厚度等的需求，这也包括提供多种设计、颜色及木纹的制成品，无须打磨、上漆，降低后期费用加工成本，给顾客更多的选择。

木塑产品使用寿命长，可重复使用多次，平均比木材使用时间长 5 倍以上，使用成本是木材的 1/2～1/3，性价比有很大优势。可热成型，二次加工，强度高，节能源。

木塑产品加工成型性好，可以根据需要制作成较大的规格以及十分复杂的形状的木塑型材。

木塑产品因为有了天然纤维的成分，因而有着很好的抗紫外线性能和更低的热胀冷缩性能，维护成本低，并像木材一样易于加工。

木塑复合材料可替代木材或者塑料在各个领域中应用，其中运用最为广泛的是在建筑产品方面，如室外木塑地板、阳光房、码头护栏，在装饰材料方面用于制作地板、防潮墙体，在城市建设和环境规划中，应用于公园、小区、街道、路、桥、亭、围栏、木筏道等；其次是用于汽车工业，如车内装饰材料、座椅靠板等；再次是用于托盘、包装箱（集装箱)、礼品包装等包装制品；此外在交通运输、家具业、体育设备等领域，木塑复合材料同样有广泛的应用。木塑片材具有优异的二次加工性能，主要用于汽车内装饰、室内外装修等，可加工成汽车门内装饰板、底板、座椅靠背、仪表板、扶手、底位底座、顶板等等。

1.4 木塑复合材料改性研究现状与展望

20 世纪 60 年代以来，木塑复合材料被日益广泛地应用到生产生活的各个领域[20]，如托盘、包装箱等包装制品，铺板、铺梁等仓储制品，室外栈道、凉亭、座椅等城建用品，房屋、地板、建筑模板等建材制品以及汽车内装饰、管材等其他产品[21]。木塑复合材料不但兼有木材和塑料的优异物理化学性能，如密度小、不易磨损、可生物降解、防腐防潮防虫蛀、绿色无害、尺寸稳定性和力学性能好等，而且具有原料来源广泛、成本低、易于加工和可重复使用等性能，因此，现代生活中人们对木塑复合材料越来越重视，木塑复合材料的使用也越来越广泛。近年来木塑复合材料不断扩大应用领域并逐步替代了一些传统材料。此外，木塑复合材料为废旧塑料的循环利用和提高木材工业利用效率两方面开辟了一条新途径[21]，可以说，木塑复合材料在环境保护和节约能源等方面发挥了很大的作用。

利用无机物填充木材，制备具有高附加值的环保木塑复合材料[22]，是我国大力支持和提倡的科技项目[23]。仍以贵州省优势木种杉木为例，湖南省林业科学院的范友华等学者[24]先后用硫酸铝和水玻璃溶液对速生杉木进行处理，可使无机复合木材的尺寸稳定性显著提高，且弯曲强度、弯曲弹性模量、顺纹抗压强度及硬度等主要力学性能指标均有明显提高。

笔者研究团队也曾利用两步挤出法分别制备了马尾松（拉丁学名：*Pinus massoniana Lamb.*）纤维增强高密度聚乙烯（High Density Polyethylene，简称：HDPE）复合材料和杉木纤维增强 HDPE 复合材料，研究了两种复合材料的表面明度、颜色、密度、硬度、尺寸稳定性等物理性能和弯曲、拉伸、冲击等力学性能以及在 50 N 载荷作用下的 24 h 蠕变－24 h 回复性能。研究发现，两种复合材料的尺寸稳定性均明显优于北方常用树种杨木（拉丁语学名：*Populus*）纤维增强 HDPE 复合材料，杉木纤维/HDPE 复合材料更适合在户外潮湿环境中使用，马尾松纤维/HDPE 复合材料更适合应用于受静载作用的构件。木塑复合材料常用作建筑材料和户外栈道、凉亭、座椅、包装制品等[25]，会长期暴露于自然环境中，在贵州这样气候特别的省份，温和宜人的气候给木塑复合材料的户外使用提供了有利的条件，但多雨湿润的天气不利于延长木塑复合材料的使用寿命，马尾松、杉木纤维增强聚合物复合材料的老化性能还需进一步研究。

通过归纳木塑复合材料的生产现状和生产工艺，对木塑复合材料产品的研究方向有了更深入的认识，在大力增加木材附加值的同时，规模化地替代天然优质木材，促进木塑复合材料商业化生产和产品推广，提高经济和社会效益是非常重要的。一方面要探索出一条适合贵州省省情的较为安全可行的、绿色稳定的改性工艺；一方面要通过调整化学试剂的种类和剂量改善木材在特殊用途中的功能性，并保证成本易于推广。

木塑复合材料在作为结构材料使用时，要求其有足够的承载能力，主要包括三个方面：首先是要有足够的强度，这是对材料最基本的要求；其次，要求材料有一定的刚度，这是其作为结构材料的必要条件；最后，还对材料的稳定性有一定的要求。然而，木塑复合材料在使用中常常受到长期的持续恒定或者循环载荷的作用而提前失稳，导致承载能力下降甚至破坏。因此，研究木塑复合材料的力学性质和提高其抗蠕变性能是十分有必要的。研究蠕变不仅可以揭示聚合物的黏弹性机理，还能预测木塑复合材料在使用中的稳定性和长期承载能力。

1.5 木塑复合材料的力学研究现状

木塑复合材料不但在很多领域可以代替天然木材，而且能为废弃塑料找到处理的新途径，因此受到人们的日益关注[26]。它在继承了木材良好的加工性和塑料的易成型性的同时，扩大了木材应用范围并克服了聚合物力学上的缺点，节省了成本，提高了材料的附加值[27-33]。与天然木质材料相比，木塑制品的耐用性和硬度都得到了大幅度的提高。

一般地，植物纤维用来增强塑料是因为它有相对高的强度和刚度以及较低的密度，对于木塑复合材料性能的研究重点之一就是围绕它的物理力学性能（包括弯曲性能、拉伸性能、抗冲击性能、动态热机械能和抗蠕变性能）而展开的。

1.5.1 木塑复合材料弯曲性能的研究

弯曲强度表征材料在进行弯曲试验时在力的作用下抵抗变形的能力，而弯曲弹性模量表示材料在弯曲弹性区间内应力与应变的比值，也是弯曲强度测试中加载力和形变的曲线中直线部分的斜率。

查阅 2000 年以来的相关文献发现，研究木塑复合材料的学者们先后研究了椰子壳（学名：*Cocos nucifera L.*棕榈科椰子属植物）和油棕榈（学名：*Trachycarpusfortunei*，别名：唐棕、拼棕、中国扇棕）纤维增强聚酯复合材料[34]，马尼拉草（中文学名:沟叶结缕草，拉丁学名：*Zoysia matrella*，俗称台北草、菲律宾草、马尼拉芝、半细叶结缕草）纤维增强苯酚甲醛树脂（Para Tertiary Butylphenol Formaldehyde Resin）复合材料[35]，大麻（学名：*Cannabis sativa*，也称寻常大麻，又名线麻、白麻、胡麻、野麻等）、苎麻[学名：*Boehmeria nivea* (*L.*) *Gaudich.* 属荨麻科植物，别称：（名医别录）野麻（广东、贵州、湖南、湖北、安徽），野苎麻（贵州、浙江、江苏、湖北、河南、陕西、甘肃），家麻（江西），苎仔（台湾），青麻（广西、湖北），白麻（广西）]和亚麻（学名：*Linum usitatissimum*）纤维增强热塑性树脂[36]，黄麻（拉丁学名 *Corchorus capsularis L*，属椴树科黄麻属）和亚麻纤维增强聚丙烯（Polypropylene，简称 PP）复合材料[37]，大麻、洋麻（学名：*Hibiscus cannabinus*）、亚麻和剑麻（学名：*Agave sisalana Perr. ex Engelm.*，又名菠萝麻，龙舌兰科龙舌兰属）纤维增强聚合物[38]，甘蔗渣（学名：*Saccharum officinarum*）纤维增强聚酯复合材料[39]，椰子壳增强环氧树脂（phenolic epoxy resin）[40]，大麻和洋麻纤维[41]增强聚酯复合材料，Curaua 纤维增强 PP 和 HDPE 复合材料的弯曲性能[42]。

2002 年，Joseph 等学者制备了马尼拉纤维增强苯酚甲醛树脂复合材料。通过改变纤维的长度和含量考察复合材料弯曲性能的变化，研究马尼拉纤维的长度对复合材料弯曲性能的影响，再通过分析优化出利于提高复合材料的强度的最佳纤维长度和含量。复合材料的弯曲强度和弯曲弹性模量值随着纤维长度的增加而增加，40 mm 马尼拉纤维增强复合材料的弯曲断裂强度和弯曲弹性模量值达到最大值。纤维含量增加到 45%，材料的弯曲弹性模量大约提高了 25%，随着纤维含量的提高，材料的弯曲强度也显著提高[35]。

2004 年，Keener 等人[37]通过调整马来酸酐（又称顺丁烯二酸酐，简称顺酐，即 Maleic Anhydride，简称 MAH）偶联剂的含量，提高黄麻和亚麻纤维增强 PP 复合材料的弯曲性质（最大可以提高 60%）。同年，Mohanty 等学者[43]通过热压成型法和挤出成型法，分别制备了大麻纤维增强可降解塑料。研究发现，利用挤出工艺制备的质量分数为 30%的大麻纤维增强塑料复合材料的弯曲性能值更高，弯曲强度和弯曲弹性模量分别达到 78 MPa 和 5.6 GPa，而含量相同的大麻长纤维增强复合材料的弯曲强度和弯曲弹性模量远高于短纤维增强复合材料。

2007 年，Zampaloni 等人[44]根据 PP 材料的热塑性质，利用模具通过热压成型法制备了洋麻纤维增强 PP 的片材，研究发现洋麻纤维质量分数从 30%提高到 40%，复合材料的弯曲强度得到了显著的提高。并且发现,30%的洋麻纤维增强 PP 复合材料的弯曲强度和 40%的大麻纤维增强 PP 复合材料相等，并且比椰子壳纤维增强 PP 和剑麻增强 PP 复合材料大；40%的洋麻纤维增强 PP 复合材料的弯曲强度和亚麻增强 PP 材料的相等，比 40%大麻增强 PP 复合材料大，是椰子壳增强 PP 和剑麻增强 PP 材料的 2 倍左右。

2008 年，Monteiro 等学者[45]利用热压成型法制备了不同质量分数的椰子壳纤维增强聚酯复合材料，研究了纤维的含量对复合材料的弯曲性能的影响，研究发现，当纤维的质量分数为 50%时，复合材料的弯曲性能最好。 同年，Luz 等人[46]研究了乙酰化作用对降低甘蔗渣增强 PP 复合材料的弯曲性能的影响。

2009 年，Ibrahim 等学者[47]将油棕榈纤维和 PCL 通过熔融共混技术制备了可降解复合材料，因为油棕榈纤维和 PCL 的不相容性，利用乙烯-吡咯烷酮聚合物（Polyvinyl Pyrrolidone）作胶黏剂改善 PCL 和纤维之间的界面的黏合性，用电子束照射木塑产品提高复合材料的力学性能，加入质量分数为 1%的聚酯纤维材料，利用 10 kGy 的电子束照射，材料的弯曲强度和弯曲弹性模量均得到提高。

2010 年，Mano 等人[42]利用挤出成型法制备了质量分数为 20%的 Curaua 纤维增强 PP 和 HDPE 复合材料，研究了挤出过程中螺杆的转速对复合材料的弯曲性能的影响。随着螺杆的转速增加，材料弯曲屈服应力减小，以 HDPE 为基质的复合材料比以 PP 为基质的复合材料的弯曲屈服应力下降得快；但复合材料弯曲弹性模量并不受螺杆转速的影响。对于 HDPE 基复合材料，螺杆转速在 300 r/min 时，材料的弯曲强度最好；而对于 PP 基复合材料，螺杆转速在 350 r/min 时弯曲强度较好。

笔者研究团队曾经研究了 10～120 目杨木纤维的尺寸及其分布对其增强 HDPE 复合材料弯曲力学性能的影响，发现：在单一目数纤维增强 HDPE 复合材料中，增强效果以 20～40 目的纤维为佳，纤维的尺寸过大或者过小均不利于 WPCs 弯曲性能的提高。混合目数纤维增强 HDPE 复合材料的弯曲性能值，介于两种目数的纤维单独填充 HDPE 复合材料的力学性能值之间。混合目数纤维增强 HDPE 复合材料中，长短纤维混合增强 HDPE 复合材料的抗弯性能最差；而 20～80 目纤维增强 HDPE 复合材料的弯曲性能最大。混合目数纤维增强 HDPE 复合材料的储能模量、损耗模量和复数黏度，都较单一目数纤维增强 HDPE 复合材料有所提高；纤维的分布对复合材料的弯曲强度、弹性模量、弯曲极限载荷、断裂强度和断裂最大形变影响显著。上层 40～80 目、下层 20～40 目纤维增强 HDPE 复合材料的弯曲性能值最大，其次是 4 种纤维混合均匀分布增强 HDPE 复合材料，而上层 80～120 目纤维、下层 10～20 目纤维增强 HDPE 复合材料的弯曲性能最差。长度跨度大的纤维，无论是分层分布还是均匀分布增强 HDPE 复合材料的弯曲性能均明显小于长度连续的纤维增强 HDPE 复合材料。纤维均匀分布的 WPCs 的弯曲强度、弹性模量、极限载荷和断裂强度，比纤维原料相同但分层分布的 WPCs 最多分别提高 35.86%、49.70%、20.94%和 36.57%。纤维的分布对 WPCs 弯曲断裂时产生的最大形变也存在一定的影响。中长纤维增强 HDPE 复合材料断裂时的最大形变较大，长短纤维增强 HDPE 复合材料的最大形变较小。纤维分层分布的材料的最大形变小于纤维均匀混合分布的材料，纤维的分层分布有利于提高材料的刚度。

1.5.2 木塑复合材料拉伸性能的研究

影响木塑复合材料拉伸性能的因素很多，纤维的强度很重要，在特定的应用中选择适合的纤维是提高复合材料强度的最主要的因素，因此，关于纤维含量、纤维尺寸、纤维改性以及纤维混合处理对复合材料拉伸性能的影响的研究不少，另外，也不乏热塑性基体的结构和偶联剂种类、含量以及环境温度等对复合材料拉伸性能影响的研究。

2004 年，Baiardo 等学者[48]经过混合处理法制备了亚麻纤维增强脂肪酸聚酯（Bionolle）的复合材料，研究了处理方式以及纤维长度和分布对复合材料的拉伸性质的影响。而后根据修正的混合法则（Rule-of-Mixture equation，ROM），建立了木塑复合材料拉伸力学模型，随着纤维含量的提高，纤维和基体间的结合力下降，复合材料的拉伸强度降低。用乙酰胺（Acetamide, Ethanamide）对亚麻增强纤维表面进行乙酰化改性，在亚麻纤维体积含量为 25%时，拉伸强度提高了 30%；用单甲基化聚乙烯乙二醇在纤维表面的接枝，复合材料的拉伸强度没有发生显著变化。同年，Yang 等学者[49]在不同的温度下（−30 °C、0 °C、20 °C、50 °C、80 °C 和 110 °C），测试 10%、20%、30%和 40%质量分数的稻壳拉丁（学名：*Oryza sativa L.*是草本类稻属植物粳、糯等谷物的统称）增强 PP 复合材料的拉伸强度，并且设置了 2 mm/min、10 mm/min、100 mm/min、500 mm/min 和 1500 mm/min 的测试速度。复合材料的拉伸强度随着纤维含量的增加而稍微减小，而拉伸弹性模量却得到提高。随着测试速度的提高，复合材料变得越来越脆。在低温下复合材料显示出像玻璃一样硬而脆的性质，但是由于温度从 0 °C 到 20 °C，到达了聚合物基体（PP）的玻璃转变温度，拉伸强度和拉伸弹性模量均降低。Jacob 等学者们[27]将油棕榈和剑麻纤维混合并进行化学改性，研究了这种化学改性对于增强天然橡胶（Rubber）基体复合材料的拉伸性能的影响。Nakamura 等学者[51]研究了可降解基体（PLA、PHBV 聚羟基丁酸戊酯、PBS）的尺寸对于可再生纤维素增强该基体复合材料的拉伸性能的影响。

2005 年，Herrera-Franco 等学者[52,53]研究了麻纤维增强 HDPE 复合材料的拉伸性能，发现纤维的硅烷处理和树脂基体预浸对复合材料拉伸强度的提高起到了很大的作用，但拉伸弹性模量不受影响。处理后纵向拉伸强度从 71.8 MPa 增加到 79.3 MPa，提高了 10%；横向拉伸强度从 2.75 MPa 提高到 3.95 MPa，提高了 43%。纤维表面的改性对于木塑复合材料的拉伸性能也起到了作用，同时发现，纤维和基体之间的结合度的提高对于复合材料的拉伸性能发挥了更大的作用。

2006 年，Demir 等学者[54]研究了丝瓜(学名：*Luffa cylindrica*)纤维的表面处理对于增强 PP 复合材料的拉伸性能的影响；学者 Lee 和 Wang[55]研究了生物质偶联剂对于竹（拉丁学名：*Bambusoideae*）纤维增强 PLA 和 PBS 基复合材料拉伸性能的影响；Sapuan 等学者[56]研究了马尼拉麻的尺寸对其增强环氧树脂复合材料的拉伸性能的影响。

2007年，Rao等人[57]研究了竹、棕榈、马尼拉麻、油棕榈、剑麻和椰子壳等纤维在不同的纤维横截面积、不同的含水率和不同密度下增强聚合物复合材料的拉伸性能；Ben Brahim和Ben Cheikh [58]研究了alfa纤维的指向性和体积分数对于纤维增强聚合物复合材料拉伸性能的影响；同年，Liu等学者[59]研究了甜菜根（原名：甜菜，别名:恭菜，拉丁文学名：*Beta vulgaris L.*，英文名：beetroot，藜科、甜菜属二年生草本）纸浆的结构和力学性能对其增强PLA基复合材料拉伸性质的影响；Kaci等学者[60]研究了表面改性对橄榄壳（Olea europaea）增强PP复合材料拉伸性质的影响；Chow等人[61]研究了剑麻纤维增强PP复合材料的吸水性能和拉伸性质。

2008年，Bachtiar等学者[62]用不同浓度的氢氧化钠（NaOH）溶液对棕榈纤维进行处理，研究了这种碱处理对于棕榈纤维增强环氧树脂复合材料拉伸强度的影响。发现，随着碱浓度的增加和浸润周期的增长，复合材料的拉伸强度降低，而拉伸弹性模量要略高于未处理纤维增强复合材料的样品。John等人[63]将油棕榈和剑麻纤维混合并进行化学改性，研究了这种改性对于增强天然橡胶基体复合材料拉伸性能的影响；Pasquini等学者[64]研究了甘蔗渣表面酯化处理对于其增强低密度聚乙烯（Low Density Polyethylene，简称：LDPE）复合材料拉伸性能的影响。

2009年，Gu H学者[65]研究了氢氧化钠溶液的处理对于棕纤维增强PP复合材料拉伸性能的影响；Seki Y学者[66]做了硅氧烷处理黄麻纤维对于其增强热塑性树脂拉伸性能的影响的研究；Nakamura等学者[67]研究了温度对于苎麻增强可降解聚酯复合材料拉伸性能的影响；Xue等学者[68]也研究了温度对于洋麻增强环氧树脂复合材料拉伸强度的影响，并分析了麻纤维的含量对复合材料拉伸强度的影响；另外，Chen等人[69]研究了竹纤维增强乙烯复合材料的吸水率和拉伸性能。

2010年，Hassan等学者[70]研究了黄麻和葵叶的混合纤维增强PP复合材料的拉伸性能；学者Yousif B F [71]研究了油棕榈纤维的体积分数对其增强聚合物复合材料拉伸性能的影响；Singh等人[72]研究了黄麻增强聚合物夹层复合材料板材的拉伸性能。

1.5.3 木塑复合材料冲击性能的研究

冲击强度用于表征在高速的应力作用下材料的抗断裂能力。抗冲击性能差是木塑复合材料的一个力学性能缺陷，木塑复合材料的冲击性能与玻璃纤维增强热塑性塑料复合材料相似。因此，近几年，学者们也致力于发展纤维制造技术和改进复合材料生产工艺，以期提高纤维和基质的结合度。

2003 年，Bakar A A 和 Hassan A[73]制备了油棕榈填充聚氯乙烯（Polyvinyl Chloride，简称 PVC）复合材料，研究了纤维和丙烯酸（Acrylic Acid）塑料含量以及抗冲击改性剂丙烯酸和氯化聚乙烯（Chlorinated Polyethylene，简称 CPE）的含量对复合材料冲击性能的影响。冲击试验的结果显示，无填充的 PVC 样品是脆性材料，随着冲击改性剂含量的增加，材料变成韧性。纤维的填入导致复合材料冲击性能降低，随着纤维含量的增加，冲击性能显著降低，纤维的含量从 10 phr 上升到 40 phr，丙烯酸改性 PVC 和 CPE 改性 PVC 的冲击强度分别下降了 40%和 30%。另外，冲击改性剂使得纤维增强 PVC 复合材料的抗冲击强度得到提高，纤维含量在 20 phr 或者更高，CPE 改性 PVC 的冲击强度较丙烯酸改性 PVC 的冲击强度高。同年，Nechwata 等学者[74]研究了加工方式对纤维增强 PP 复合材料的冲击性能的影响。

2007 年，Lei 等学者[75]用甘蔗渣增强回收 HDPE 复合材料，并研究了偶联剂的种类和添加量对复合材料冲击性能的影响，马来酸酐接枝聚乙烯（Maleic Anhydride grafted Polyethylene，简称 MAPE）、羧酸盐聚乙烯（Carboxylated Polyethylene，CAPE）、混合钛（Titanium-Derived Mixture，TDM）的添加改善了复合材料中纤维和基质的结合度，提高了冲击强度，并以此对比了纯 HDPE 复合材料的冲击性质，当 MAPE 含量增加时，冲击性能有所提高。Yuanjian T、Isaac D H[76]和 Dhakal 等学者[77]为了研究无纺麻纤维对增强材料冲击性能的影响，对大麻纤维增强不饱和聚酯复合材料进行低速冲击试验，他们制备了不同体积分数（0%、6%、10%、15%、21%和 26%）的纤维增强复合材料，将它们的冲击性能和等量纤维短切原丝薄毡 E-玻璃纤维增强材料相比，作为增强剂大麻纤维显著提高了复合材料弯曲所能承受的最大载荷（极限载荷）和材料所吸收的冲击能量。另外，纤维体积分数影响了复合材料的硬度、冲击载荷和总吸收能量，与大麻纤维增强不饱和聚酯复合材料相比，未增强的不饱和聚酯样本在较小的力和较低的冲击能量的作用下发生断裂并显示出脆性断裂行为，冲击试验的结果显示，21%体积分数的大麻纤维增强材料试样总吸收能量和等量短切原丝薄毡 E-玻璃纤维增强不饱和聚酯的试件的吸收能量相等。

2008 年，Huda 等学者[78]研究了竹纤维含量对于增强聚乳酸（Polylactice Acid，简称：PLA）复合材料的冲击强度的影响，发现随着纤维含量的增加，冲击强度减弱；在冲击试验中，增强纤维和基体之间结合度能有效地提高材料的抗断裂和抗裂纹扩大的能力；质量分数为31%的竹纤维经过硅烷处理可使其增强 PLA 复合材料的冲击强度提高33%。Yao 等学者通过熔融共混合模压技术，用 4 种稻纤维（稻皮、稻叶、稻管和稻秆）填充纯的 HDPE 和回收的 HDPE 制备复合材料，稻皮纤维增强的复合材料片材的冲击强度好于其他形式的稻纤维增强材料；另外，稻叶、稻管和稻秆纤维增强复合材料冲击性能之间略有差异，对比于纯 HDPE，回收的 HDPE 和复合材料的冲击性能有显著的提高[79]。

2009 年，Oksman[80]、De Farias M A[81]和 Ruksakulpiwat[82]等学者先后研究了剑麻、马尼拉麻、黄麻和亚麻纤维的微结构，桃棕榈的叶柄纤维（桃棕榈粉末和编织物）的指向性，冲击改性剂（天然橡胶、乙烯丙烯烃），对于木塑复合材料冲击性能的影响。

2010 年，Alamgir Kabir M 等学者[83]将质量分数不同（20%、25%、30%和 35%）的黄麻纤维经过碱处理（o-HBDS: o-hydroxybenzenediazonium salt），并对比了处理前后的黄麻增强 PP 复合材料的冲击强度以及前人的实验研究，发现冲击强度最多提高了 1 倍。

1.6 木塑复合材料的蠕变现象、机理和研究进展

蠕变是黏弹性材料最典型的表现形式之一[94]，而以前关于蠕变性能的研究多是关于金属或者纯聚合物的，专门针对木塑复合材料的蠕变性能研究相对较少。木塑复合材料在作为结构和建筑材料使用时，蠕变的现象不可忽视，因此对于木塑复合材料蠕变行为规律的研究是非常关键的。木塑复合材料的蠕变行为与载荷大小、载荷作用时间、工作环境的温度和湿度都有着非常密切的关系。

1.6.1 蠕变性能研究意义

木塑复合材料这种新兴的环保复合材料在备受关注的同时，由于其作为结构性材料使用时对使用环境的敏感性，使其在长期载荷作用下发生很大的形变，一些构件甚至在远小于极限载荷的作用下破坏，可能造成重大损失，有潜在的安全隐患[85]，木塑复合材料经过长时间使用后显现出安全性和耐久性的缺陷，令人们感到失望和担忧。所以，研究木塑复合材料蠕变行为和规律是十分必要的。

蠕变是指在一定的温度和较小的恒定外力作用下，材料的形变随时间的增加而逐渐增大的现象，该现象对材料设计、应用和使用安全性具有重要影响。研究蠕变既能揭示聚合物的黏弹性机理，又能预测材料使用中的稳定性及长期承载能力[86]。在美国材料与试验协会（American Society for Testing and Materials，简称 ASTM）的标准中，蠕变作为一种重要的项目被列出来。但在中国，相关的国家标准（GB）还没有出来。国内有关此材料的蠕变性能研究很少。

对于木塑复合材料的蠕变的研究目的，是希望通过对木塑复合材料蠕变性能的研究，能够预测材料使用过程中的尺寸稳定性及长期承载能力，确保材料使用的安全性并拓展其应用领域[85]；研究影响木塑复合材料蠕变特性的各种因素（配方因素、加工工艺因素等）或者各种规律，为提高该类材料的性能提供参考依据[87]。

1.6.2 蠕变产生机理

木塑复合材料的蠕变性是其重要力学特性之一，它会严重影响木塑复合材料用作工程材料（如：梁、柱、桁架、铺板、地板等建材构件以及车船、门窗框架、室外栈道、桥梁和枕木等）经常在恒载荷的条件下工作时的耐久性和正常使用寿命，因此我们对木塑复合材料抗蠕变性能也提出了更高的要求。

蠕变通常是指将材料在长时间的恒温作用下，在小于屈服强度的恒定应力下，缓慢地产生形变的流变现象。材料的蠕变机制包括线性蠕变（基于位错运动的 Harper-Dorn 蠕变、基于晶格扩散的 Nabarro-Herring 蠕变和基于晶界扩散的 Coble 蠕变）和指数蠕变（以位错滑移与攀移为基础的形变方式）[88]。

当木塑复合材料受到持续的压力作用时，会发生逐渐的形变。随着时间的推移，蠕变形变分为三个阶段，即初始阶段、第二阶段和终了阶段[89]。蠕变初始阶段（或称为减速蠕变阶段），材料发生瞬间的弹性形变，蠕变速度随时间的增加而逐渐减小；然后，蠕变速度达到一个恒定值，到达蠕变第二阶段（或称为稳态蠕变阶段），第二阶段蠕变速度非常慢，形变非常小，因此要求试验系统有长期稳定的精度足够高的测量仪器；最终，形变速度不断增加，与此同时材料被破坏或者结构产生不可逆的形变，即为蠕变终了阶段（或称之为加速蠕变阶段），该阶段对于研究工程的长期稳定与材料使用寿命有着更重要的意义，要求试验系统有相当快的反应。

木塑复合材料的蠕变形变也由三部分组成：第一部分是瞬时弹性形变，形变服从胡克定律；第二部分是黏弹性形变，黏弹性形变随着时间的推移可以逐渐回复，在一定外力作用下，材料的各组成部分沿着外力的方向逐渐伸长并张紧，当外载荷移去后，它们将重新逐渐回复到先前的状态，木质材料表现出在载荷作用下随时间的推移形变逐渐回复的特征，对于大多木质材料来说，黏弹性形变是非线性的[87]；第三部分是黏性形变，是不可回复的最终残留形变，黏性形变是分子链间键的断裂、相对位移和重新组合，这部分形变具有永久性。对于大多木质材料来说，其黏性形变随时间呈线性发展[87]。

造成木塑复合材料蠕变性较差的主要原因是：目前木塑复合材料制备时所采用的聚合物都是非极性或者极性较低的热塑性塑料（包括 PP、PE、PVC 和聚苯乙烯，即 Polystyrene，简称：PS），这些热塑性塑料本身抗蠕变性能不好，而且与高极性的木质材料相容性差，界面结合力弱；同时对于热塑性木塑复合材料来说，在通常的成型条件下，热塑性聚合物很难与木质材料之间产生有效的化学反应并形成化学键，其界面结合主要以吸附结合和机械结合为主，化学结合很少或基本没有；即便加入偶联剂，所形成的有效化学键合对材料界面结合强度以及抗蠕变性能的贡献也很有限。

1.6.3 木塑复合材料蠕变实验研究进展

随着木塑复合材料的力学理论与实践的不断发展，木塑复合材料蠕变研究越来越受重视。近几年来，无论从木塑复合材料的细观结构还是宏观角度,国内外学者都对其黏弹性能进行了大量卓有成效的研究工作。现在关于木塑复合材料蠕变性质的研究工作从现象到机理、从理论到应用都有了较全面的进展。

测试木塑复合材料的蠕变特性与测试木质材料的相似，即可采用压缩、拉伸、弯曲等加载方式，但考虑到试验的可行性，许多学者往往采用三点或四点弯曲试验方式，采取的应力水平范围一般为最大应力的30%～70%[87]。总体来说，学者们针对木塑复合材料蠕变所进行的研究，主要围绕温度和湿度等外部环境变化对木塑复合材料蠕变产生的影响进行测试分析；试验手段多采用动态力学性能测试仪做短期蠕变测试，利用扫描电子显微镜（SEM）观察微观界面结合状态，部分研究引用了复合材料通用数学模型。

1978年，Pomeroy等学者[90]总结出聚合物的蠕变是一个复杂过程，它取决于材料性能（如分子排列、结晶度等）和外部环境参数（如施加载荷、温度和湿度等）。1985年，Silverman的研究结果[91]证明，短纤维增强热塑性塑料的蠕变行为受应力传导的作用显著，而应力传导受到纤维和基体的黏合度的影响。他们指出长纤维比短纤维有更大的抗蠕变性，蠕变随时间和温度的变化而变化。

1994年，Morlier和Palka[92]报道了在较大的载荷作用下，木塑复合材料的行为表现出显著的非线性。1998年，Park等人[93]研究了木粉的分布、湿度剂的添加和温度对木粉增强PP复合材料的短期蠕变行为的影响，指出聚合物发生蠕变是弹性形变和黏性流动的双重结果。在高水平的应力下，调整湿度能有效地改变蠕变行为，但是在小的载荷作用下效果不明显。蠕变随着温度的增加而增加。研究发现指数定律中的斜率参数与温度成正比例关系。添加木粉能有效地提高聚合物基体的抗蠕变性能。复合材料的抗蠕变性能随木粉含量的增加而增强。然而，木塑复合材料的抗蠕变性能低于实木。

1996年，Govindarajan等人[94]用模压法制备了石墨纤维增强聚合物复合材料，并研究了该材料的蠕变行为以及影响蠕变的各种因素。2005年，Doh等人[95]研究了热压成型法制备的木纤维增强不同基质（LDPE,

HDPE和PP）复合材料的蠕变行为。

1999年，Xu等学者[96]研究了PS和HDPE以100：0、75：25、50：50、25：75和0：100的比例混合，并加入60～80目的短纤维木粉（木粉的质量分数分别为10%、20%、30%和40%）制备出20种复合材料，测试材料的弯曲性能和蠕变性能。研究发现，随着PS含量的增加，复合材料的弹性模量呈增加趋势，并且随木粉的比例的增加（除了30%和40%的木粉含量以外）弹性模量呈线性增加，但最大应力的变化是无规则的。扫描电镜的图像和热力学分析结果表明，木粉颗粒与PS的有弱的相互作用。木粉填充PS复合材料的最大应力值最大，随着HDPE的含量的增加，最大应力减小。采用三点加载的弯曲方式加载最大应力的50%，测试材料的蠕变发现，随着木粉含量的增加蠕变略微减弱，随着PS含量的增加（除纯PS外）蠕变显著增加。其中PS和HDPE以75：25混合作为基体的木塑复合材料的抗蠕变性能最好。

2000年，Sain等人[97]着眼于木纤维填充PVC、PP和PE基复合材料的蠕变性能的影响因素的研究，结果发现材料的蠕变与载荷的大小、作用时间和环境的温度有强的相关性。即使稍高于室温的温度也能对木纤维增强PVC复合材料的蠕变产生显著的增强作用。木纤维增强PP复合材料的抗瞬时蠕变性能强于木纤维增强PE复合材料。经过MAH和马来酰亚胺(Maleimide)改性处理后的木纤维增强PP复合材料的蠕变得到改善，但该处理对其瞬时蠕变没有起到实质的作用。他们的研究得出木塑复合材料的蠕变性能受塑料基质类型和偶联剂类型和用量的影响。2004至2010年间，Bledzki、Faruk等人[96]和Nuñez、Marcovich等[97]以及Liu等[98]研究人员的研究也陆续验证了这一观点。

2007年，Betiana等人[99]用热压成型法制备了黄麻纤维增强PP的复合材料，并测试其短期蠕变-回复行为。通过添加马来酸酐接枝聚丙烯(Maleic Anhydride grafted Polypropylene，简称MAPP）偶联剂和利用丁二酸酐(Succinic anhydride)对纤维进行改性的两种方式，提高了纤维和基质间的相容性。利用Burgers模型拟合了材料的蠕变，并利用实验数据建立了回复模型。尽管回复部分拟合效果没有蠕变部分拟合的效果好，但是也证明了该方法的可行性，并利用时温等效原理预测了材料的长期蠕变行为。

2009 年，Seyed Majid Zabihzadeh 等人[100]研究了木粉的种类（美国松木和欧美杂交杨木）以及增容剂 MAPE 对木塑复合材料的抗蠕变性能的影响，并测试了它们的拉伸性质和缺口冲击韧性。杨木粉增强复合材料的拉伸强度和拉伸弹性模量均大于松木粉增强复合材料。添加增容剂对两种材料的抗张强度均有提高的作用。对于填充松木粉的复合材料，添加 1%增容剂后拉伸弹性模量显著提高，对于填充杨木粉的复合材料则没有显著的效果。随着增容剂含量的增加，拉伸弹性模量显著降低。另外,木粉的种类和增容剂的添加对材料缺口冲击韧性没有显著的影响。同年，Abdollah 等人[101]研究了关于木屑增强 HDPE 复合材料的蠕变行为，旨在探索加载水平和塑料种类对于蠕变行为的影响。他们将未使用过的塑料、废旧牛奶瓶循环利用的塑料以及两者混合的塑料分别与木屑以 3：2 的质量比进行混合，经过 190 °C 高温热压成型，制备成密度为 1 g/cm^3 的板材，力学测试结果表明，成分中含有回收塑料的木塑复合材料的弹性模量和断裂模量比以未使用过的塑料为基质的复合材料大。又研究了它们在最大应力的 10%、20%、30%和 40%作用下短期蠕变行为，结果表明，随着施加力的增大，蠕变逐渐增加。在这 4 种水平下，未使用的 HDPE 基质的复合材料的蠕变较高，并且随着回收的 HDPE 的含量的增加，蠕变减小。在高水平（30%和 40%）的施加力作用下，复合材料的蠕变行为呈显著的非线性特征。在高水平力的作用下，黏性蠕变较大。其实早在 2006 年，Kazemi-Najafi 和 Avila[102]等人就对 PP 和聚对苯二甲酸乙二酯（Polyethylene Terephthalate，简称 PET）做过相似的研究。

2011 年，Pulngern 等学者[103]制备了木粉填充 PVC 复合材料，并在其表面或边加入 0.5°mm 厚高碳钢（HCS）增强材料，研究其弯曲性能和蠕变性能，发现弯曲断裂载荷分别增加了 64%和 101%，蠕变形变显著减小，分别减小了 52%和 89%。同年，Najafi 等学者[104]将木塑复合材料放置在不同地域的海水中，研究发现木塑复合材料在高盐度的海水中弯曲强度和尺寸稳定性大幅度下降，原因在于高盐度的海水含有大量的金属离子，这些金属离子能够沉积在木塑复合材料的木纤维上，木粉含量高的木塑复合材料沉积的金属离子多，更具吸水性，抗蠕变性能更差。

国外由于使用木塑复合材料较早，对其蠕变性差的问题已有所认识。在我国，南京林业大学的李大纲教授[85，105-107]曾利用时间温度应力等效原理，得到稻壳增强 HDPE 复合材在 55 °C 温度条件下的蠕变柔量主曲线[108]。也通过加入竹条增强筋提高木塑复合材料的弯曲性质和抗蠕变性能，并预测长纤维的均匀分布对于增强木塑复合材料的抗断裂性能发挥很大的作用。此外，东北林业大学王清文教授和王伟宏教授的著作《木塑复合材料》[108]《木塑复合材制品》[21]对木塑复合材料的蠕变性进行了基本论述。他们的研究[109]中多采用小试件进行短期测试，而王伟宏教授在以往研究中发现，试件尺寸差异对测试结果有显著影响。

1.6.4 蠕变的影响因素及蠕变模型

从蠕变的研究方式上讲大体可分为三类：一是理论研究，建立理论模型；二是蠕变实验研究；三是结合实验数据建立有限元计算模型，进行计算机模拟[110]。对于蠕变的理论研究又可以概括为三类：第一类是用 KWW（Kohlrausch-Williams-Watts）方程分析玻璃态非晶高聚物的蠕变行为；第二类是用广义 Voigt 模型分析；第三类是用 Arrenhius 方程、WLF 方程和时温等效原理等分析温度对蠕变的影响[111]。木塑复合材料的蠕变模型研究至关重要。

对于木塑复合材料的蠕变模型的研究，一是建立（或选择）模型，二是确定木塑复合材料蠕变参数。木塑复合材料的蠕变参数与原材料和基本结构以及所选定的模型有关。因此，选定适宜的蠕变模型及确定相应参数，是木塑复合材料的蠕变性能研究的重要内容。

1.6.4.1 蠕变的影响因素

木塑复合材料的蠕变是众多因素共同作用的结果。影响木塑复合材料蠕变的因素大致可以分为以下几种：原料的来源与种类、原料的微观结构（木材填充料的形状、大小、含水率和密度以及热塑性高分子聚合物的分子量和结晶度等)、材料的加工方法(木材和基体界面的化学反应、增塑剂或润滑剂的添加等)、载荷状态(即载荷大小、载荷特性、加载方向加载方式和加载时间等)、使用环境(温度和相对湿度以及曾受到热学上的或力学上的作用情况等)[97, 112-117]。

1.6.4.2 蠕变模型

近几年，随着研究的深入，国内外学者相继建立和应用了一系列的蠕变理论分析模型和计算模型。学者们考察了纤维与基体的界面[118]、增强物几何形状[119]等对蠕变性能的影响，建立了自洽模型(Self-Consistent)[120]、Eshelby 模型(Mean-Stress)[121]、剪切-滞后模型(Shear-Lag Model)等。这些模型在分析之前都进行了较多的假设，其结果与实际情况存在较大的偏差，因此都有一定的局限性。下面介绍一下普通蠕变的数学模型。这些描述木塑复合材料蠕变的数学模型不但有一定的物理学基础,还能较为精确地预测试材长期受力状态下的形变，具有良好的适用性。

笔者研究团队曾经研究了 10～120 目杨木纤维的尺寸及其分布对其增强 HDPE 复合材料力学和蠕变性能的影响[122]，得出以下结论：在单一目数纤维增强 HDPE 复合材料中，增强效果以 20～40 目的纤维为佳，纤维的尺寸过大或者过小均不利于 WPCs 弯曲性能的提高。混合目数纤维增强 HDPE 复合材料的弯曲性能值，介于两种目数的纤维单独填充 HDPE 复合材料的力学性能值之间。混合目数纤维增强 HDPE 复合材料中,长短纤维混合增强 HDPE 复合材料的抗弯性能最差,冲击强度最小;而 20～80 目纤维增强 HDPE 复合材料的弯曲性能和冲击强度值均最大。混合目数纤维增强 HDPE 复合材料的储能模量、损耗模量和复数黏度，都较单一目数纤维增强 HDPE 复合材料有所提高；混合目数纤维增强 HDPE复合材料在50 N载荷作用下及10%、20%和30%应力水平下的24 h 抗蠕变性能，优于单一目数纤维增强 HDPE 复合材料。单一目数纤维增强 HDPE 复合材料中，80～120 目的小尺寸纤维增强 HDPE 复合材料抗蠕变性能最差，并且蠕变后剩余力学性能值与原始力学性能值相比下降得最多，不适合长期在负载的条件下工作。混合目数纤维增强 HDPE 复合材料中，20～80 目混合纤维增强 HDPE 复合材料的抗蠕变性能最佳；

10～20 目和 80～120 目混合纤维增强 HDPE 复合材料的抗蠕变性能最差。短纤维的添加对复合材料的抗蠕变性能有明显的削弱效果，纤维长度增加有利于蠕变后力学性能的保留。混合目数纤维增强 HDPE 复合材料的抗蠕变性能对应力水平的增加影响敏感，但回复率变化不大；混合目数纤维增强 HDPE 复合材料的 1 000 h 抗蠕变性能优于单一目数纤维填充 HDPE 复合材料。80～120 目和 10～20 目纤维混合增强 HDPE 复合材料应变（0.007 22 mm/mm），仅为 80～120 目纤维增强 HDPE 复合材料和 10～20 目纤维增强 HDPE 复合材料的应变平均值的 66.32%；4 种目数纤维混合增强 HDPE 复合材料应变（0.006 70 mm/mm），仅为 4 种单一目数纤维增强 HDPE 复合材料应变平均值的 64.99%；20～80 目纤维混合增强 HDPE 复合材料 1 000 h 应变最小（0.005 28 mm/mm），是 40～80 目纤维增强 HDPE 复合材料和 20～40 目纤维增强 HDPE 复合材料应变平均值的 54.37%，并且蠕变后原有的力学性能保留性较好；纤维的分布对复合材料的弯曲强度、弹性模量、弯曲极限载荷、断裂强度和断裂最大形变影响显著。上层 40～80 目、下层 20～40 目纤维增强 HDPE 复合材料的弯曲性能值最大，其次是 4 种纤维混合均匀分布增强 HDPE 复合材料，而上层 80～120 目纤维、下层 10～20 目纤维增强 HDPE 复合材料的弯曲性能最差。长度跨度大的纤维，无论是分层分布还是均匀分布增强 HDPE 复合材料的弯曲性能均明显小于长度连续的纤维增强 HDPE 复合材料。纤维均匀分布的 WPCs 的弯曲强度、弹性模量、极限载荷和断裂强度，比纤维原料相同但分层分布的 WPCs 最多分别提高 35.86%、49.70%、20.94%和 36.57%。纤维的分布对 WPCs 弯曲断裂时产生的最大形变也存在一定的影响。中长纤维增强 HDPE 复合材料断裂时的最大形变较大，长短纤维增强 HDPE 复合材料的最大形变较小。纤维分层分布的材料的最大形变小于纤维均匀混合分布的材料，纤维的分层分布有利于提高材料的刚度；在 10%、20%和 30%应力水平下，上层为 40～80 目、下层为 20～40 目纤维分层分布的材料弹性应变最小，蠕变速度较慢，24 h 应变最小，蠕变后剩余弯曲性能值最大。在较小的应力水平下，纤维均匀分布的 WPCs 瞬时弹性应变小于纤维分层分布的 WPCs，10～20 目长纤维和 80～120 目短纤维分层分布或者均匀混合分布增强 HDPE 复合材料的抗蠕变性能最差。中长纤维分层分布和均匀混合分布增强 HDPE 复合材料的回复率较高。在 30%应力水平下，中长纤维分层分布 WPCs 的 24 h 应变值比 20%应力水平下仅提高了 17.92%。材料的回复率随应力水平的增加稍有增大。纤维分层分布的材料的抗蠕变性受载荷的增加影响不敏感，适合在高水平的载荷作用下工作；而纤维均匀分布的材料在较高的应力水平下抗蠕变性能变差，不适合应用于高水平的载荷环境中；修正后的 ROM 模型预测热压成型法制备的混合目数的纤维增强 HDPE 复合材料的弯曲性能的效果优于 3 个传统的 ROM 模型，并通过材料的断裂强度验证了该模型的可用性。用四元件 Burgers 模型拟合不同尺寸和分布的纤维增强 HDPE 复合材料的 24 h 蠕变曲线，效果优于 Findley 指数模型和两参数指数模型。建立 $\varepsilon(t)=\alpha+\beta\exp\left(-\frac{t}{\gamma}\right)+\varphi t$（86 400 s<t≤172 800 s）四元模型模拟复合材料的回复过程，效果较好。

1.7 本书的主要研究内容

为了发挥贵州省的乔木林资源优势，利用木材加工剩余废料马尾松和杉木的木粉以不同比例混合增强 HDPE 的废旧原料制备复合材料，借助现代观察、测试、分析仪器研究材料表面形态、颜色、密度、硬度、吸水率等物理性能以及弯曲、拉伸和冲击等力学性能，通过户外自然老化、室内自然老化，对比分析老化对马尾松、杉木增强 HDPE 复合材料物理、力学性能的影响。本研究为延长木塑复合材料的使用寿命、提高产品的使用安全性、拓宽其应用范围提供参考依据，并有利于促进贵州省木塑复合材料产业的发展，为木材加工废料和废弃塑料的循环利用提供有效的途径。

本书的主要内容有：

（1）首先介绍了木材改性研究现状，包括木材外观和颜色处理技术、木材表面软化处理技术、木材尺寸的稳定性处理技术、木材力学性能的强化处理技术、木材阻燃、抑烟和防腐处理等改性技术；接下来介绍木塑复合材料概念、特点及应用、木塑复合材料改性研究现状与展望；然后讲解木塑复合材料的力学研究现状，包括木塑复合材料弯曲性能的研究、木塑复合材料拉伸性能的研究和木塑复合材料冲击性能的研究；然后综述了木塑复合材料的蠕变现象、机理和研究进展，包括蠕变性能研究意义、蠕变产生机理、木塑复合材料蠕变实验研究进展和蠕变的影响因素及蠕变模型。

（2）以杉木纤维为例介绍了贵州省优势木种纤维增强聚合物复合材料的研究进展，包括杉木纤维增强聚合物复合材料、杉木纤维增强复合材料的研究现状与展望。

（3）深入评述贵州省“天无三日晴”“地无三里平”“人无三分银”等特定的地理条件和气候特点，以及贵州省特殊的地理环境对气候的影响。

（4）研究马尾松纤维增强 HDPE 复合材料和杉木纤维增强 HDPE 复合材料的物理性能，具体内容为通过两步挤出法分别制备马尾松纤维/HDPE 复合材料和杉木纤维/HDPE 复合材料，对比材料的表面颜色、密度、硬度和尺寸稳定性，分析马尾松纤维增强 HDPE 复合材料和杉木纤维增强 HDPE 复合材料的物理性能差异。

（5）研究马尾松纤维增强 HDPE 复合材料和杉木纤维增强 HDPE 复合材料的力学性能，具体内容为通过两步挤出法分别制备马尾松纤维/HDPE 复合材料和杉木纤维/HDPE 复合材料，对比材料的弯曲性能、拉伸性能和冲击性能，分析马尾松纤维增强 HDPE 复合材料和杉木纤维增强 HDPE 复合材料的力学性能差异。

（6）研究马尾松纤维和杉木纤维质量比对其增强 HDPE 复合材料的物理和力学性能的影响，具体内容为通过两步挤出法分别制备七种配方的马尾松/杉木纤维/HDPE 复合材料，对比材料的表面颜色、密度、硬度和尺寸稳定性等物理性能和弯曲、拉伸、冲击等力学性能，探究马尾松纤维和杉木纤维质量比对其增强 HDPE 复合材料的物理和力学性能的影响。

（7）通过两步挤出法分别制备马尾松纤维/HDPE 复合材料和杉木纤

维/HDPE 复合材料，研究马尾松纤维增强 HDPE 复合材料和杉木纤维增强 HDPE 复合材料的蠕变性能。

（6）研究马尾松纤维增强 HDPE 复合材料和杉木纤维增强 HDPE 复合材料的自然老化性能，具体内容为通过两步挤出法分别制备马尾松纤维/HDPE 复合材料和杉木纤维/HDPE 复合材料，在贵州省独特的气候条件下，分别对其进行室内自然老化和户外自然老化，对比分析室内自然老化和户外自然老化对马尾松纤维/HDPE 复合材料和杉木纤维/HDPE 复合材料的表面颜色、密度、硬度和尺寸稳定性等物理性能和弯曲、拉伸、冲击等力学性能的影响。

本书研究内容的创新之处首先在于树种的选择，利用贵州省的乔木林优势资源——马尾松和杉木的木粉增强 HDPE 制备 WPCs，对有效回收利用本省的特色树种资源的加工废料、合理循环处理废旧塑料和提高本省的废旧资源的利用效率具有重要意义。另外，从马尾松和杉木的两种木材组分构成差异和用量出发，分析其对 WPCs 物理、力学性能和老化性能的影响规律。

本书研究方法的创新之处在于制备马尾松和杉木的混杂木粉增强聚合物复合材料，并通过改变两种木粉质量比制备不同配方的 WPCs，研究两种木粉含量比对 WPCs 的表面形态、颜色、密度、硬度、微观结构、吸水率和拉伸、弯曲、冲击等性能以及不同老化方式和不同老化时间对 WPCs 物理、力学性能的影响规律。

参考文献

[1] 黎平. 贵州现代林业实现途径研究[D]. 北京林业大学，2008.

[2] 安元强，郑勇奇，曾鹏宇，等. 我国林木种质资源调查工作与策略研究[J]. 世界林业研究，2016，1-9.

[3] 刘基勇. 贵州省林地保护利用现状及实施规划的对策措施[J]. 农业与技术，2016，36（2）：188.

[4] 曹林，蒋璇. 毛白杨蓝变木材漂白处理技术研究[J]. 林业科学，2006，42（3）：121-124.

[5] 王贵来,宋宝昌,林木森.浅谈人造薄木生产中半单板的漂白[J]. 林业机械与木工设备，2001，8（29）：28-30.

[6] 刘志佳，李黎，鲍甫成，等. 不同条件水热处理木材的漂白工艺[J]. 木材工业，2009，23（2）：40-42.

[7] Dimitriou A, Hale M D, Spear M J. The effect of four methods of surface activation for improved adhesion of wood polymer composites (WPCs)[J]. International Journal of Adhesion &Adhesives，2016, 68: 188-194.

[8] 陈小辉，林金国. 最近 10 年我国木材功能性改良研究进展[J]. 福建林业科技，2011，38（1）：154-158.

[9] Chen M Z, Zhang R, Tang L J, et al. Effect of Plasma Processing Rate on Poplar Veneer surface and its application in plywood[J]. Bioresources, 2016，11（1）：1571-1584.

[10] 张哲峰，李延军，高建民. 木材的变色机理及防治[J]. 中国木材，2003，（1）：26-29.

[11] 苗平，包宏，李崇富. 泡桐木材变色的物理化学因素[J]. 林业科技开发，2003，17（4）：16-18.

[12] 郭洪武，李春生，王金林. 木材光变色及其防止的研究进展[J]. 林产工业，2006，33（5）：6-7.

[13] 鲍甫成，段新芳. 人工林杉木木材解剖构造与染色效果相关性的研究[J]. 林业科学，2000，36（3）：93-101.

[14] 段新芳,阎昊鹏. 毛白杨木材主要组分与酸性染料的相互作用[J]. 东北林业大学学报，2000，28（4）：53-65.

[15] 姜海波，乔颖，孙鸿斌. 木材弯曲工艺研究[J]. 林业机械与木工设备，2008，36（3）：47-49.

[16] Aydin I, Demirkir C. Activation of Spruce Wood Surfaces by Plasma Treatment after long terms of natural surface inactivation[J]. Plasma Chem Plasma Process, 2010, 30: 697-706.

[17] 顾炼百，李涛，涂登云，等. 高温处理实木地板的工艺及应用[J]. 木材工业，2007，21（3）：4-7.

[18] 陈瑞英，魏萍，刘景宏. 杉木间伐材压缩密化利用的研究[J]. 应用生态学报，2005，16（12）：2306-2310.

[19] 崔会旺，杜官本. 木材阻燃研究进展[J]. 林业研究，2008，21（3）：43-48.

[20] Rowell R M. Challenges in biomass–thermoplastic composites[J]. J. Polym. Environ., 2007, 15（4）: 229-235.

[21] 王清文，王伟宏. 木塑复合材料与制品[M]. 北京：化学工业出版社，2007：11-15.

[22] Sudar A, Renner K, Moczo J, et al. Fracture resistance of hybrid PP/elastomer/wood composites[J]. Composite Structures, 2016, 141: 146-154.

[23] 张晓萌，马玲玲，李晶，等. 木塑复合材料改性研究进展[J]. 工程塑料应用，2013，41（12）：108-113.

[24] 范友华，胡伟，陈泽君. 无机物填充改性复合木材的制备及性能研究[J]. 林业机械与木工设备，2008，36（11）：18-21.

[25] Jose M, Sara S, Fernando F S, et al. Impact of high moisture conditions on the serviceability performance of wood plastic composite decks[J]. Materials and Design，2016，103：122-131.

[26] 应伟斌，袁新华，程晓农. 两种不同基体木塑复合材料的制备及性能研究[J]. 塑料，2006，35（4）：12-16.

[27] 于艳滨，唐跃，姜蔚. 木塑复合材料成型工艺及影响因素的研究[J]. 工程塑料应用，2008，36（11）：36-40.

[28] 赵永生，薛平，朱复华. 木塑复合材料的研究进展[J]. 塑料制造，2006，（6）：67-71.

[29] 林翔，李建章，毛安. 木塑复合材料应用于研究进展[J]. 木材加工机械，2008，（1）：46-49.

[30] 刘波. 木塑复合材料制备及性能的研究[J]. 辽宁化工，2007，36（12）：797-799.
[31] 李跃文，陈兴华. 木塑复合材料的制备及其研究进展[J]. 塑料助剂，2008，71（5）：1-6.
[32] 钟鑫，薛平，丁筘. 改性木粉爪 vc 复合材料的性能研究[J]. 中国塑料，2004，18（3）：62-66.
[33] 赵娟，崔怡，李丙海. 木塑复合材料改性研究进展[J]. 塑料科技，2007，35（2）：90-98.
[34] Hill C A S, Abdul Khalil H P S. The effect of environmental exposure upon the mechanical properties of coir or oil palm fiber reinforced composites[J]. Journal of Applied Polymer Science, 2000, 77(6): 1322-1330.
[35] Joseph S, Sreekala M S, Oommen Z, et al. A comparisonof the mechanical properties of phenol formaldehyde composites reinforced with banana fibres and glass fibres[J]. Composites Science and Technology, 2002, 62(14): 1857-1868.
[36] Maffezzoli A, Calo'E, Zurlo S, et al. Cardanol based matrix biocomposites reinforced with natural fibres[J]. Composites Science and Technology, 2004, 64(6): 839-845.
[37] Keener T J, Stuart R K, Brown T K. Maleated coupling agents for natural fibre composites[J]. Composites Part A: Applied Science and Manufacturing, 2004, 35:357-362.
[38] Sgriccia N, Hawley M C, Misra M. Characterization of natural fiber surfaces and natural fiber composites[J]. Composites Part A: Applied Science and Manufacturing, 2008, 39:1632-1637.
[39] Vilay V, Mariatti M, et al. Todo M. Effect of fiber surface treatment and fiber loading on the properties of bagasse fiber-reinforced unsaturated polyester composites[J]. Composites Science and

Technology, 2008, 68(3-4): 631-638.

[40] Harish S, Michael D P, Bensely A, et al. Mechanical property evaluation of natural fiber coir composite[J]. Materials Characterization, 2009, 60(1): 44-49.

[41] Medina L, Schledjewski R, Schlarb A K. Process related mechanical properties of press molded natural fiber reinforced polymers[J]. Composites Science and Technology, 2009, 69(9): 1404-1411.

[42] Mano B, Araújo J R, Spinacé M A S, De Paoli M A. Polyolefin composites with curaua fibres: effect of the processing conditions on mechanical properties, morphology and fibres dimensions[J]. Composites Science and Technology, 2010, 70(1): 29-35.

[43] Mohanty A K, Wibowo A, Misra M, Drzal L T. Effect of process engineering on the performance of natural fiber reinforced cellulose acetate biocomposites[J]. Composites Part A: Applied Science and Manufacturing, 2004, 35: 363-370.

[44] Zampaloni M, Pourboghrat F, Yankovich SA, Rodgers BN, Moore J, Drzal LT, Mohanty AK, Misra M. Kenaf natural fiber rein-forced polypropylene composites: a discussion on manufacturing problems and solutions[J]. Composites Part A: Applied Science and Manufacturing, 2007, 38: 1569-1580.

[45] Monteiro S N, Terrones L A H, D'Almeida J R M. Mechanical performance of coir fiber/polyester composites[J]. Polymer Testing, 2008, 27(5): 591-595.

[46] Luz S M, Del Tio J, Rocha G J M, Goncalves A R, Del'Arco Jr A P. Cellulose and cellulignin from sugarcane bagasse reinforced polypropylene composites: effect of acetylation on mechanical and thermal properties[J]. Composites Part A: Applied Science and Manufacturing, 2008, 39: 1362-1369.

[47] Ibrahim N A, Ahmad S N A, Yunus W M Z W, Dahlan K Z. Effect of electron beam irradiation and poly(vinyl pyrrolidone) addition on mechanical properties of polycaprolactone with empty fruit bunch fibre (OPEFB) composite[J]. eXPRESS Polymer Letters, 2009, 3: 226-234.

[48] Baiardo M, Zini E, Scandola M. Flax fibre–polyester composites[J]. Composites Part A: Applied Science and Manufacturing, 2004, 35: 703-710.

[49] Yang H S, Kim H J, Son J, Park H J, Lee B J, Hwang T S. Rice-husk flourfilled polypropylene composites; mechanical and morphological study[J]. Composite Structures,2004,63(3-4):305-312.

[50] Jacob M, Thomas S, Varughese K T. Mechanical properties of sisal/oil palm hybrid fiber reinforced natural rubber composites[J]. Composites Science and Technology, 2004, 64(7-8): 955-965.

[51] Shibata M, Oyamada S, Kobayashi S I, Yaginuma D. Mechanical properties and biodegradability of green composites based on biodegradable polyesters and lyocell fabric[J]. Journal of Applied Polymer Science, 2004, 92(6): 3857-3863.

[52] Herrera F P J, Valadez G A. A study of the mechanical properties of short natural-fiber reinforced composites[J]. Composites Part A: Applied Science and Manufacturing, 2005, 36: 597-608.

[53] Herrera-Franco P J, Valadez-Gonzalez A. Mechanical properties of continuous natural fibre-reinforced polymer composites[J]. Composites Part A: Applied Science and Manufacturing, 2004, 35: 339-345.

[54] Demir H, Atikler U, Balköse D, Tıhmınlıoglu F. The effect of fiber surface treatments on the tensile and water sorption properties of polypropylene–luffa fiber composites[J]. Composites Part A: AppliedScience and Manufacturing, 2006, 37: 447-456.

[55] Lee S H, Wang S. Biodegradable polymers/bamboo fiber biocomposite with bio-based coupling agent[J]. Composites Part A: AppliedScience and Manufacturing, 2006, 37: 80-91.

[56] Sapuan S M, Leenie A, Harimi M, Beng Y K. Mechanical properties of woven banana fibre reinforced epoxy composites[J]. Materials and Design 2006, 27(8): 689-693.

[57] Rao K M M, Rao K M. Extraction and tensile properties of natural fibers: vakka, date and bamboo[J]. Composite Structures, 2007, 77(3): 288-295.

[58] Ben Brahim S, Ben Cheikh R. Influence of fibre orientation and volume fraction on the tensile properties of unidirectional Alfa-polyester composite[J]. Composites Science and Technology, 2007, 67(1): 140-147.

[59] Liu L S, Finkenstadt V L, Liu C K, Coffin D R, Willett J L, FishmanM L, Hicks K B. Green composites from sugar beet pulp andpoly(lactic acid): structural and mechanical characterization[J]. Journal of Biobased Materials and Bioenergy, 2007, 1: 323-330.

[60] Kaci M, Djidjelli H, Boukerrou A, Zaidi L. Effect of wood filler treatment and EBAGMA compatibilizer on morphology and mechanical properties of low density polyethylene/olive husk flour composites[J]. eXPRESS Polymer Letters, 2007, 1: 467-473.

[61] Chow C P L, Xing X S, Li R K Y. Moisture absorption studies of sisal fibre reinforced polypropylene composites[J]. Composites Science and Technology, 2007, 67(2): 306-313.

[62] Bachtiar D, Sapuan S M, Hamdan M M. The effect of alkaline treatment on tensile properties of sugar palm fibre reinforced epoxy composites[J]. Materials and Design, 2008, 29(7): 1285-1290.

[63] John M J, Francis B, Varughese K T, Thomas S. Effect of chemical

modification on properties of hybrid fiber biocomposites[J]. Composites Part A: Applied Science and Manufacturing, 2008, 39: 352-363.

[64] Pasquini D, de Morais Teixeira E, da Silva Curvelo A A, Belgacem M N, Dufresne A. Surface esterification of cellulose fibres: processing andcharacterisation of low-density polyethylene/cellulose fibres composites[J]. Composites Science and Technology, 2008, 68(1): 193-201.

[65] Gu H. Tensile behaviours of the coir fibre and related composites after NAOH treatment[J]. Materials and Design, 2009, 30(9): 3931-3934.

[66] Seki Y. Innovative multifunctional siloxane treatment of jute fiber surface and its effect on the mechanical properties of jute/thermoset composites[J]. Materials Science and Engineering A, Structural materials: properties, microstructure and processing, 2009, 508(1-2): 247-252.

[67] Nakamura R, Goda K, Noda J, Ohgi J. High temperature tensile properties and deep drawing of fully green composites[J]. eXPRESS Polymer Letters, 2009, 3: 19-24.

[68] Xue Y, Du Y, Elder S, Wang K, Zhang J. Temperature and loading rate effects on tensile properties of kenaf bast fiber bundles and composites[J]. Composites Part A: Applied Science and Manufacturing, 2009, 40: 189-196.

[69] Chen H, Miao M, Ding X. Influence of moisture absorption on the interfacial strength of bamboo/vinylester composites[J]. Composites Part A: Applied Science and Manufacturing, 2009, 40: 2013-2019.

[70] Hassan M M, Wagner M H, Zaman H U, Khan M A. Study on the performance of hybrid jute/betel nut fiber reinforced polypropylene composites[J]. Journal of Adhesion Science and Technology, 2010;

25: 615-626.

[71] Yousif B F. Effect of oil palm fibres volume fraction on mechanical properties of polyester composites[J]. International Journal of Modern Physics B, 2010, 24: 4459-4470.

[72] Singh B, Gupta M, Hina T. Jute sandwich composite panels forbuilding applications[J]. Journal of Biobased Materials and Bioenergy, 2010, 4: 397-407.

[73] Bakar A A, Hassan A. Impact properties of oil palm empty fruit bunch filled impact modified unplasticised poly (vinyl chloride) composites[J]. Jurnal Teknologi, 2003, 39: 73-82.

[74] Nechwatal A, Mieck K P, Reußmann T. Developments in thecharacterization of natural fibre properties and in the use of natural fibres for composites[J]. Composites Science and Technology, 2003, 63(9): 1273-1279.

[75] Lei Y, Wu Q, Yao F, Xu Y. Preparation and properties of recycled HDPE/natural fiber composites[J]. Composites Part A: Applied Science and Manufacturing, 2007, 38: 1664-1674.

[76] Yuanjian T, Isaac D H. Impact and fatigue behaviour of hemp fibrecomposites[J]. Composites Science and Technology, 2007, 67(15-16): 3300-3307.

[77] Dhakal H N, Zhang Z Y, Richardson M O W, Errajhi O A Z. The low velocity impact response of non-woven hemp fibre reinforced unsaturated polyester composites[J]. Composite Structures, 2007, 81(4): 559-567.

[78] Huda M S, Drzal L T, Ray D, Mohanty A K, Mishra M. Natural-fiber composites in the automotive sector. In: Pickering K, editor. Properties and performance of natural-fibre composites[M]. Cambridge, UK: Woodhead Publishing, 2008, 221-268.

[79] Yao F, Wu Q, Lei Y, Xu Y. Rice straw fiber-reinforced high-density polyethylene composite: effect of fiber type and loading[J]. Industrial Crops and Products, 2008, 28:63-72.

[80] Oksman K, Mathew A P, Långström R, Nyström B, Joseph K. The influence of fibre microstructure on fibre breakage and mechanical properties of natural fibre reinforced polypropylene[J]. Composites Science and Technology, 2009, 69(11-12): 1847-1853.

[81] De Farias M A, Farina M Z, Pezzin A P T, Silva D K. Unsaturated polyester composites reinforced with fiber and powder of peachpalm: mechanical characterization and water absorption profile[J]. Materials Science and Engineering A, 2009, 29: 510-513.

[82] Ruksakulpiwat Y, Sridee J, Suppakarn N, Sutapun W. Improvement of impact property of natural fiber–polypropylene composite byusing natural rubber and EPDM rubber[J]. Composites Part A: AppliedScience and Manufacturing, 2009, 40: 619-622.

[83] Alamgir Kabir M, Monimul Huque M, Rabiul Islam M, Bledzki A K. Mechanical properties of jute fiber reinforced polypropylene composite: effect of chemical treatment by benzenediazonium salt in alkaline medium[J]. Bioresources, 2010, 5: 1618-1625.

[84] 薛菁，等. HDPE/木粉复合材料抗蠕变性能研究[J]. 工程塑料应用，2010，38（4）：9-13.

[85] 田先玲，李大纲，蒋永涛，等. 不同加载方式下木塑复合材料蠕变性能的研究[J]. 塑料工业，2008，36（10）：43-46.

[86] 陆晓中，方庆海，陆庆章，等. PP /木粉复合材料的蠕变特性研究[J]. 塑料，2009，38（2）：81-84.

[87] 岳孔，张伟，夏炎，等. 木质材料蠕变研究进展[J]. 木材加工机械，2008，3：48-51.

[88] 宋旼. 多晶冰蠕变机制的研究进展[J]. 冰川冻土，2007，29（3）：

482-486.

[89] 李大纲，蒋本浩，徐永吉. 温湿处理对杉木弯曲蠕变性能的影响[J]. 建筑人造板，1994（1）：9-11.

[90] Pomeroy C D. Creep of engineering materials[M]. Cambridge (UK): Heffers: 1978.

[91] Silverman E M. Creep and Impact Resistance of Reinforced Thermoplastics: Long Fibers vs. Short Fibers[J]. 40th Annual Conference, Reinforced Plastics/Composites Institute, Society of the Plastics Industry, 1985, 4-E(1).

[92] Morlier, P. and Palka, L. C. Basic Knowledge[J].Creep in Timber Structures, 1994, 164.

[93] Park B D, Balatinez J J. Short term flexural creep behavior of wood-fiber/polypropylene composites[J]. polymer composites, 1998, 19(4): 377-382.

[94] Govindarajan S, Langrana N A, Weng G J. The influence of imperfections on the creep behavior of woven polymer composites at elevated temperatures[J]. Finite Elem Anal Des, 1996, 23:3 33-347.

[95] Doh G H, Kang I A, Lee S Y, Kong Y T, Jeong C S, Lim B S. Mechanical properties and creep behavior of liquefied wood polymer composites(LWPC)[J]. Compos Struct, 2005, 68(2): 225-233.

[96] Xu Bin, Simonsen J, RochefortW E. Creep resistance of wood-filled polystyrene/high-densitypolyethylene blends[J]. JournalofApplied Polymer Science, 2001, 79: 418-425.

[97] Sain, M.M., Balatinecz, J., Law, S..Creep fatigue in engineered wood fiber and plastic compositions[J]. Journal of Applied Polymer Science, 2000, 77(2): 260-268.

[98] Bledzki K. Andrzej, Faruk Omar..Creep and impact properties of wood fibre–polypropylene composites: influence of temperature and

moisture content Composites[J]. Science and Technology, 2004, 64: 693-700.

[99] Betiana A A, Marı'a M R, Norma E M. Creep and dynamic mechanical behavior of PP–jute composites: Effect of the interfacial adhesion[J]. Composites: Part A 2007, 38: 1507-1516.

[100] Seyed Majid Zabihzadeh, Foroogh Dastoorian. Effect of Wood Species and Coupling Agent on Mechanical Properties of Wood Flour/HDPE. Composites Journal of Reinforced Plastics and Composites OnlineFirst, 2009, 5: 1-7.

[101] Abdollah Najafi,Saeed kazemi najafi.effect of load levels and plastic type on creep behavior of wood Sawdust/HDPE Composites[J]. Journal of Reinforced Plastics and Composites, 2009, 28: 2645-2653.

[102] Kazemi-Najafi, S., Hamidinia, E., Tajvidi, M. and Chaharmahali, M.. Mechanical Properties of Composites from Sawdust and Recycled Plastics[J]. Journal of Applied Polymer Science, 2006, 100(1): 364-645.

[103] Pulngern T, Padyenchean C, Rosarpitak V, etal. Flexural and creep strengthening for wood/PVC composite members using flat bar strips[J]. Mater Des, 2011, 32(6): 3137-3146.

[104] Najafi S K, Kordkheili H Y. Effect of sea water on water absorption and flexural properties of wood-polypropylene composites[J]. Eur J Wood Wood Prod, Published online: 12 January 2011.

[105] 周吓星，李大纲，吴正元. 环境因子对塑木地板蠕变性能影响研究[J]. 新建筑材料，2009，4:81-84.

[106] 蒋永涛， 李大纲，吴正元，等. 稻壳/HDPE 木塑复合材料蠕变性能的研究[J]. 包装工程，2008，29（8）：4-6.

[107] 蒋永涛，李大纲，吴正元，等. 木塑复合材料的蠕变和应力松弛性能研究[J]. 林业机械与木工设备，2009，37（4）：24-26.

[108] 王伟宏， 宋永明， 高华. 木塑复合材料[M]. 科学出版社，2010.
[109] 王伟宏，王清文，宋永明. 木塑复合材料老化性能研究进展[J]. 林业科学，2008，44（5）：143-149.
[110] 朱迅，王明寅，王荣国，等. 纤维增强聚合物基复合材料的蠕变力学研究进展[J]. 纤维复合材料，2004（3）：51-53.
[111] 王克俭，赵永生，朱复华.蒙脱土填充木塑复合材料的弯曲性能和蠕变特性[J]. 高分子材料科学与工程，2007，23（6）：109-112，116.
[112] Sternstein S S, Van Buskirk C S. Polymer creep', in Kroschwitz J I, Encyclopedia of Polymer Science and Engineering, John Wiley & Sons, New York, 1988, 12: 470-486.
[113] Lin W S, Pramanik A K, Sain M. Determination of material constants for nonlinear viscoelastic predictive model[J]. J Composite Mater, 2004, 38(1): 19-29.
[114] Kobbe, R. G.. Creep Behavior of a Wood-Polypropylene Composite, M.Sc. Thesis, Department of Civil and Environmental Engineering, Washington State University, USA, 2005.
[115] Lee S Y, Yang H S, Kim H J, Jeong C S, Lim B S and Lee J N. Creep Behavior and Manufacturing Parameters of Wood Flour Filled Polypropylene Composites[J]. Composite Structures, 2004, 65(3-4): 459-469.
[116] Li T Q, Ng C N, Li R K Y. Impact Behavior of Sawdust/Recycled-PP Composites[J], Journal of Applied Polymer Science, 2001, 81(6): 1420-1428.
[117] Tajvidi M. Study on the Engineering and Viscoelastic Properties of Natural Fiber Thermoplastic Composites using Dynamic Mechanical Analysis(DMA). PhD Dissertation, Faculty of Natural Resources, University of Tehran, Karaj, Iran, 2003, 202.

[118] 康国政，高庆. δAl2O3f/Al 基复合材料弹性模量的有限元能量法预测[J]. 复合材料学报，1999，16（2）：139-144.

[119] Dragone T L, Nix W D. Geometric factors affecting the internal stress distribution and high temperature creep rate of discontinuous fiber reinforced metals[J]. Acta Metal Mater, 1990, 38(10): 1941-1953.

[120] Laws N, McLaughlin J R. Self-consistent estimates for the viscoelastic creep compliances[J]. Proceedings of the Royal Society. 1978, 39: 251-273.

[121] Wang Y M, Weng G J.The influence of inclusion shape on the overall viscoelastic behavior of composites [J]. Journal of Applied Mechanics, 1992, 59: 510-518.

[122] 曹岩. 纤维尺寸及分布对 WPCs 力学性能的影响[D]. 哈尔滨：东北林业大学，2013.

2 贵州省优势木种及其利用

2.1 引 言

贵州省林地面积 8 771 550 公顷，占本省国土总面积的 49.79%。全省的林地中有林地面积 5 606 000 公顷，占 63.91%；其中乔木林 5 494 321 公顷，占 98.01%。全省乔木林中，马尾松 1 480 842.3 公顷、蓄积 109 223 134 m^3，分别占 26.95%、36.1%，杉木 1 065 212.2 公顷、蓄积 84 153 629 m^3，分别占 19.39%、27.81%，马尾松和杉木林是贵州省分布最广的森林类型之一，基本遍及全省所有县市。可见马尾松和杉木在贵州省具有重要意义[1,2]。马尾松和杉木是贵州省主要森林采伐和加工树种，在加工过程中产生锯屑、废料等剩余物的年产量特别大，如此丰富的生物质资源中仅有少量被作为低质燃料或原材料粗放利用，大部分尚未得到合理利用，没有发挥其天然纤维的特性优势，既存在生物质资源的严重浪费，又造成环境污染等问题[3]。

木塑复合材料，是以农林废弃物、木材加工剩余废料、废旧塑料等为主要原料，按照一定比例混合，适量添加助剂，经过高温熔融、混合、挤出、注塑、压制等成型工艺制备得到的一种主要用作天然木材和传统塑料制品的替代品的高性能、高附加值、绿色环保复合型材，在环境保护和节约能源等方面发挥了重要的作用[4]。

木塑复合材料，不但兼有木材和塑料的优异物理化学性能，如防腐防潮防虫蛀、绿色无害、尺寸稳定性和力学性能好等，而且具有原料来源广泛、成本低、易于加工和可重复使用等性能，因此，现代生活中人们对木塑复合材料的重视和使用越来越广泛。近年来木塑复合材料不断扩大应用领域并逐步替代了一些传统材料。与天然木质材料相比，木塑制品的耐用性和硬度都得到了大幅度的提高。一般地，植物纤维用来增强塑料是因为它有相对高的强度和刚度以及较低的密度，对于木塑复合材料性能的研究重点之一就是围绕它的物理力学性能而展开的。纤维的种类和特点（包括纤维的长度、长径比、强度、结构和可变性）赋予了木塑复合材料各异的特性[5-10]。

本章从有效利用贵州省森林资源优势和废弃塑料的角度出发，制备马尾松和杉木纤维增强的热塑性树脂复合材料，通过研究其密度、表明颜色、硬度和尺寸稳定性等物理性能，以期为该种复合材料的应用提供参考。

2.2 贵州省优势木种杉木纤维增强聚合物复合材料的研究进展

本节将简要地概述目前杉木纤维增强复合材料的制备和性能研究进展，综合介绍杉木纤维增强复合材料的制备工艺、影响因子和物理、力学性能的特点等，最后展望杉木纤维增强复合材料的应用前景和发展方向。

2.2.1 杉木纤维增强聚合物复合材料

近年来，贵州省大力推进生态文明建设，突出加强生态建设、调整产业结构、发展循环经济、全面深化改革四个重点，加快建设生态文明先行示范区，走出了一条经济和生态“双赢”的路子。同时，这也对贵州省的林业发展提出了更多和更高的要求，贵州现代林业建设也要发展一条具有特色和竞争力的道路，生态建设与经济共同发展。因地制宜，以贵州省特有优势品种对接林业市场，提高林产品的价值和附加值来激活贵州的林业市场是尤为重要的发展方向[1-3]。

贵州省林地面积 8 771 550 公顷，占贵州省国土总面积的 49.79%。全省的林地中有林地面积 5 606 000 公顷，占 63.91%；其中乔木林 5 494 321 公顷，占 98.01%。全省乔木林中，杉木 1 065 212.2 公顷、蓄积 84 153 629 立方米，分别占 19.39%和 27.81%；杉木林是贵州省分布最广的森林类型之一，基本遍及全省所有县市。杉木是贵州省主要森林采伐和加工树种，在加工过程中产生锯屑、废料等剩余物的年产量是特别大的。如此丰富的生物质资源中仅有少量被作为低质燃料或原材料粗放利用，大部分尚未得到合理利用，没有发挥其天然纤维的特性优势，既存在生物质资源的严重浪费，又造成环境污染等问题。

因此，制备杉木纤维增强复合材料，可用于户外地板、风景园林、外墙挂板、装饰材料等多方面[4]，研究该种复合材料的性能不仅可以缓解环境污染问题，而且有助于提高材料附加值，创造良好的经济效益。同时，新技术的应用还会带来更多的就业机会，具有良好的社会效益[5,6]。

下面将概述目前对于杉木纤维增强聚合物复合材料的研究现状，综合分析杉木纤维增强聚合物复合材料的制备工艺、影响因子和物理、力学性能等，最后展望杉木纤维增强聚合物复合材料的应用前景和发展方向。

2.2.2 杉木纤维增强复合材料的研究现状

21 世纪以来，学者们对于杉木纤维增强聚合物复合材料的研究是从杉木纤维和基质的表面特性、两相的界面结合理论和形成过程、两相复合工艺与影响因子以及改进复合材料性能的有效措施等多方面开展起来的。

2.2.2.1 界面结合

2001 年，中国林业科学研究院的王正博士[7]以我国人工林木材杉木、杨木和马尾松为主要研究对象，探讨了木材表面特性、木塑复合界面结合理论、界面的形成过程和木塑复合途径及其主要影响因子以及木塑复合材料性能改进措施。研究结果显示，木材表面自由能、表面极性、表面化学官能团、表面粗糙度和小分子抽出物等成分在木材表面的存在等表面性质，对木塑复合界面及复合材料的物理、力学性能有明显影响(尤其是木材表面自由能)。杉木的总表面自由能和非极性表面自由能数值最高，分别为 42.4 mJ/m^2 和 41.6 mJ/m^2；杨木的次之，分别为 38 mJ/m^2 和 35.5 mJ/m^2；马尾松的最低，分别为 27.3 mJ/m^2 和 16.3 mJ/m^2。三种木材所形成的木塑复合材料的界面性能也存在差异，杉木/塑料复合材料的界面结合强度最高，杨木次之，马尾松最低。另外马尾松木材的表面极性最高，为 11.0 mJ/m^2，杨木次之，为 3.41 mJ/m^2，杉木最低，仅为 0.74 mJ/m^2，有利于提高杉木/塑料复合界面的强度。三种木材表面对像水分子这样的极性小分子物质的吸附能力不同，马尾松表面对水分的亲和性较强，马尾松/塑料复合材料的界面耐水性能较差，而杉木/塑料复合材料界面的耐水性能较好。木材的表面特性、塑料的表面特性、木材所含的化学成分、木材吸附的化学成分、塑料的理化性能指标、木塑复合途径，还有不同的复合工艺因子等多种因素，都对木塑复合界面的强度性能产生影响。木塑复合过程中，木塑复合温度、时间、压力、材料密度、木材组元形态以及配方因子（如树种、塑料种类、木塑配比、添加剂等），都对所形成的复合材料性能有着非常重要影响。

2.2.2.2 杉木纤维改性

为提高杉木的使用范围，改善其与 PP 的相容性以及提高复合材料的力学性能，2010 年合肥工业大学史铁钧课题组[8]采用带有刚性基团的氯化苄（Benzyl Chloride）和具有长分子链结构特征的十八烷酰氯（Stearyl Chloride）改性经 8 % NaOH 溶液和丙酮处理的 200 目杉木粉，使用 FT-IR、XRD、TG、DSC 和 SEM 等手段分析了改性杉木粉的结构和性能。对改性工艺进行了优化，分别将改性后的杉木粉与 PP 利用双辊筒炼塑机共混制备了复合材料，研究了改性杉木粉增重率（WPG）、含量对复合材料弯曲、拉伸和冲击等力学性能的影响，并使用 SEM 对复合材料冲击断面进行了表征和研究。研究结果表明，杉木粉经碱溶液处理后，在 1 732 cm^{-1} 处的羰基（C＝O）伸缩振动吸收峰消失，杉木粉中的脂肪、糖类、色素、蛋白质等小分子量化合物被碱溶液溶出，杉木粉中木材纤维分子间的氢键遭到了一定程度的破坏，游离出了更多的羟基，并且经过碱溶液处理，杉木粉中纤维素的相对结晶度降低、晶体的尺寸减小，晶体结构在一定程度上受到了破坏。同时，处理后的杉木粉对水分的吸附能力略有下降，而热稳定性有所提高，500 °C 时杉木粉的残碳率由处理前的 23%左右升高到处理后的 26%左右；以甲苯（Methylbenzene）为溶剂、NaOH 为催化剂，使用氯化苄对杉木粉进行了苄基化改性，制备了不同 WPG 的改性杉木粉，研究了工艺条件对改性杉木粉 WPG 的影响。通过 FT-IR、XRD、TG、DSC 和 SEM 等方法，研究了改性杉木粉的结构和性能，研究了改性杉木粉对水、乙醇、N，N-二甲基甲酰胺（DMF）、氯仿、正己烷的吸附性能。杉木粉改性后木质纤维素结晶被破坏，500 °C 时残碳率为 20%，对溶剂的吸附性能随着改性杉木粉 WPG 的增长不断下降；经过改性后的杉木粉与 PP 的相容性明显优于未改性杉木粉与 PP 的相容性，并且改性杉木粉在 PP 中的分散性也更好。由于相容性的改善，提高了复合材料的冲击强度。苄基化杉木粉 WPG 为 50%（含量为 10%）/PP 复合材料和十八烷酰氯改性杉木粉 WPG = 55%（含量为 10%）/PP 复合材料力学性能相对较好。

2011 年，北京林业大学的曹金珍教授课题组[9]采用广西南宁的无可见的节子以及腐朽等缺陷并且年轮密度均匀的杉木边材，将其加工成边长为 19 mm 左右的立方体，并干燥至质量恒定。分别用一步法和两步法工艺配置处理液（PVDM-1 和 PVDM-2）。前者是将一定比例的质量分数为 70%的二癸基二甲基氯化铵（DDAC）和作为分散剂的聚合度为 1750 聚乙烯醇（PVA）以及 74 μm、阳离子交换容量（CEC）为 0.90 mmol 钠基蒙脱土（Na-MMT）混合均匀后，球磨数小时用去离子水稀释得到；后者使用 DDAC 将 Na-MMT 改性制备有机蒙脱土后，将有机蒙脱土和 PVA 混合均匀加热并稀释后得到[10,11]。分别将制得的两种处理液通过满细胞法真空-加压浸注杉木试样，具体工艺如下：抽真空 30 min(真空度约为 0.09 MPa)，注入处理液，加压 2 MPa 并保压 1 h，取出试样烘至质量恒定后即得杉木复合材料。按照标准 GB 1934.2-2009《木材湿胀性测定方法》测定复合材料的吸水率和抗胀缩率（AS）；按照标准 GB/T 4340.1-1999《金属维氏硬度试验方法》使用维氏显微硬度计，加 19.614 N 载荷 50 s 测量复合材料的表面硬度，重复测试 30 次；在气干条件下采用万能力学试验机测量复合材料的顺纹抗压强度；参照美国木材保护协会 AWP A E11-07 标准进行抗水流失性测试。该实验组除了测试了上述复合材料的物理力学性能外，还采用德国 BRUKER 公司生产的 Tensor27 型傅立叶变换 FT-IR 对其进行了表征，分析了两种方式制备的杉木复合材料在机理上的差异，旨在提供一种工艺简单且经济有效的木材改性处理方法。实验结果表明：一步法复合材料（PVDMW-1）的 AS 和抗水流失性明显高于两步法复合材料（PVDMW-2），而通过对比两者的吸水率和抗压强度并未发现明显的差异，PVDMW-2 的表面硬度好于 PVDMW-1。FT-IR 结果表明：PVDMW-1 在 521 cm^{-1} 与 468cm^{-1} 附近出现了表征蒙脱土中 Si-O-M 和 M-O 的耦合振动的特征吸收峰，这说明 $PVDMW^{-1}$ 中蒙脱土已经进入了杉木细胞壁内。

2.2.2.3 复合工艺

2007 年，合肥工业大学化工学院的史铁钧课题组[12]以 80 目的人工林杉木粉为原料，以正硅酸乙酯（Ethyl Silicate，简称：TEOS）为无机前驱体，依据溶剂热法反应原理，采用溶胶-凝胶的方法制备了 SiO_2/杉木复合材料。使用改良的溶剂热法制备的复合材料中木材的 WPG 显著提高；通过热失重分析（TGA）发现，交联网络的形成显著提高了材料的耐热性能，使失重 10%时的热分解温度从纯木粉的 270 °C 提高到 409 °C；通过红外光谱分析（FT-IR）发现，杉木中的羟基与正硅酸乙酯水解后的羟基发生了缩合反应，体系中存在 Si-O-C 交联网络；通过扫描电子显微镜分析（SEM）发现，SiO_2 在高压反应釜的作用下充分进入存在纳米级空隙（介观空隙，为纳米材料的生长提供了空间）的杉木内并与其中的羟基发生反应，形成了纳米级网状结构；通过 X 射线衍射分析（XRD）发现木质纤维素的结晶被破坏，木材增重率为 78%的复合体系结晶度从纯杉木粉的 75.37%下降到 37.42%。

2.2.2.4 复合材料性能研究

2006 年北京林业大学的张燕霞[13]为了开发性能优良的复合板材，利用了强度大、硬度高、韧性好且耐磨的毛竹（学名：Phyllostachys heterocycla (Carr.) Mitford cv. Pubescens）与密度低、易加工、产率高的杉木进行胶合得到复合板材，该种板材有效地发挥了毛竹和杉木各自的优良特性，通过科学的确定组合形式和胶合工艺，考察加压时间、温度、毛竹厚度、打磨砂纸粒度等不同因子及不同水平对毛竹与杉木复合板材胶合性能的影响。最后选择耐水性胶粘剂 Synteko1988/1993，3 mm 厚度的毛竹和 24 mm 厚的杉木，采用 100 目砂纸打磨毛竹与杉木胶合表面，常温下加压 1 MPa、20 min 获得成本低、内在和外观质量好的产品。毛竹与杉木复合板材的研究和开发促进了竹类资源与人工速生林资源的优化利用和竹类产品性能的提高及用途的扩大，在一定程度上缓解了木材供需矛盾。并且杉木的密度较低，毛竹与杉木复合板材的研究对于开发高强轻质复合材料具有重要意义。

我们研究团队也曾利用两步挤出法分别制备马尾松纤维和杉木纤维增强 HDPE 复合材料，研究两种复合材料的表面明度、颜色、密度、硬度、尺寸稳定性等物理性能和弯曲、拉伸、冲击等力学性能以及在 50 N 载荷作用下的 24 h 蠕变-24 h 回复性能。研究发现两种复合材料的尺寸稳定性均明显优于北方常用树种杨木纤维/HDPE 复合材料，杉木纤维/HDPE 复合材料更适合在户外潮湿环境中使用，马尾松纤维/HDPE 复合材料更适合应用于受静载作用的构件。木塑复合材料常用作建筑材料和户外栈道、凉亭、座椅、包装制品等，会长期暴露于自然环境中，在贵州这样气候特别的省份，温和宜人的气候给木塑复合材料的户外使用提供了有利的条件，但多雨湿润的天气不利于延长木塑复合材料的使用寿命，马尾松、杉木纤维增强聚合物复合材料的老化性能还需进一步研究。

2.2.3 贵州省优势木材的改性研究展望

首先，要明确贵州省的木材改性的重点对象是资源丰富的杉木、马尾松等速生人工林木材。同时要认清它们在密度、强度、尺寸稳定性和颜色以及腐朽等方面表现出的不足。

其次，要加大对于木材渗透性的研究力度，找到影响因子与影响程度，开发高效的漂白剂、染色剂、阻燃剂、防腐剂、软化剂、强化剂和尺寸稳定剂等，以提高改性效果。

再次，应重点关注室内外装修材料、木质家具地板等对人体和环境是否产生危害。目前，部分带有毒性的化学试剂或者在外界条件作用下可能放出有害物质的化学试剂的作用效果仍是木材改性技术的核心。

最后，有些木材功能改性处理会随着时间的延长而发生不同程度的失效，因此改性技术的长效性和多效性也是一个重要的发展方向。

2.2.4 杉木纤维增强复合材料的研究展望

目前，全球化资源短缺和环境危机正在不断地加剧，节能环保的产品将愈加受到人们的青睐。杉木作为一种天然的、可再生的自然资源有着特有的、广泛的开发前景，其中以天然杉木为基材、用仿生技术研发复合材料就是材料科学与工程中非常重要的研究方向之一。在杉木增强复合材料的研究和开发中，既要保证产品良好的使用性，同时也要兼顾自然资源的有限性以及废弃物排放量的降低，另外从原料的提取、复合材料制备和使用，到产品的废弃再生等都要保证环保。另一方面，作为贵州省优势木种，杉木的密度较低，其增强复合材料的研究对于我省开发高强轻质复合材料具有重要的意义。

2.3 本章小结

首先，要明确贵州省木材改性的重点对象是资源丰富的杉木、马尾松等速生人工林木材。同时要认清它们在密度、强度、尺寸稳定性和颜色以及腐朽等方面表现出的不足。

其次，要加大对于木材渗透性的研究力度，找到影响因子与影响程度，开发高效的漂白剂、染色剂、阻燃剂、防腐剂、软化剂、强化剂和尺寸稳定剂等，以提高改性效果。

再次，应重点关注室内外装修材料、木质家具地板等对人体和环境是否产生危害。目前，部分带有毒性的化学试剂或者在外界条件作用下可能放出有害物质的化学试剂的作用效果仍是木材改性技术的核心。

最后，有些木材功能改性处理会随着时间的延长而发生不同程度的失效，因此改性技术的长效性和多效性也是一个重要的发展方向。

目前，全球化资源短缺和环境危机正在不断地加剧，节能环保的产品将愈加受到人们的青睐。杉木作为一种天然的、可再生的自然资源，有着特有的、广泛的开发前景，其中以天然杉木为基材、用仿生技术研发复合材料就是材料科学与工程中非常重要研究方向之一。在杉木增强复合材料的研究和开发中，既要保证产品良好的使用性，同时也要兼顾自然资源的有限性以及废弃物排放量的降低，另外从原料的提取、复合材料制备和使用，到产品的废弃和再生等等都要保证环保。另一方面，作为贵州省优势木种，杉木的密度较低，其增强复合材料的研究对于我省开发高强轻质复合材料具有重要的意义。

参考文献

[1] 黎平. 贵州现代林业实现途径研究[D]. 北京林业大学，2008.

[2] 安元强，郑勇奇，曾鹏宇，等. 我国林木种质资源调查工作与策略

研究[J]. 世界林业研究，2016.1-9.

[3] 刘基勇. 贵州省林地保护利用现状及实施规划的对策措施[J]. 农业与技术，2016.36（2）：188.

[4] Rowell RM. Challenges in biomass–thermoplastic composites[J]. J. Polym. Environ., 2007, 15(4): 229-235.

[5] 王清文，王伟宏. 木塑复合材料与制品[M]. 北京：化学工业出版社，2007：11-15.

[6] 王伟宏，曹岩，王清文. 木塑复合材料力学模型的研究进展[J]. 高分子材料科学与工程，2012，28(10)：179-182.

[7] 王正. 木塑复合材料界面特性及其影响因子的研究[D]. 中国林业科学研究院，2001.

[8] 闫小宇. 氯化苄、十八烷酰氯改性杉木粉及对 PP 复合材料力学性能的影响[D]. 合肥工业大学，2010.

[9] 姜卸宏，曹金珍，罗冠群. MMT/PVA/木材复合材料的物理力学性能[J]. 林产化学与工业，2011，31（1）：41-46.

[10] 汪亮. DDAC-OMMT 复合防腐剂的制备及其在木材中的应用[D]. 北京：北京林业大学硕士学位论文，2010.

[11] 汪亮，曹金珍，刘炳玉，等. DDAC 改性蒙脱土-木材复合材料的应力松弛[J]. 林产化学与工业，2009，2（5）：64-68.

[12] 徐峰，史铁钧，张克宏，王鹏. SiO_2/杉木粉复合材料的制备和表征[J]. 复合材料学报，2007，24（3）：84-88.

[13] 张燕霞. 毛竹与杉木复合材料的研究[D]. 北京林业大学，2006.

3 贵州省特定的地理条件和气候特点

3.1 引　言

《黔志》中“天无三日晴，地无三里平”的记载，反映了贵州省的气候特点。

从气候上看，贵州地处副热带的东亚大陆，位于东经103°36′～109°33′、北纬24°37′～29°13′之间，距南海较近（只有400 km左右），处在东亚季风气候区内。特殊的地理区位，使贵州经常处在云贵静止锋的笼罩之下，所以，贵州阴雨天相对较多，日照相对较少。全省全年各地云量在80%以上；大部分地区平均日照时数在1 200～1 600 h之间，比同纬度的其他地区少30%～40%，仅有青藏高原和柴达木盆地的一半，与同纬度的华东、华中地区及四川盆地大体相等。特定的山区自然条件，对贵州的发展具有特殊的影响。

3.2 “天无三日晴”

贵州省“天无三日晴”的气候特点对贵州发展的影响，从有利方面看有以下几点：

一是大气降水比较丰富。贵州是全国降水量比较丰富和稳定的地区之一，年降水量多在1 100～1 300 mm。

二是光、热、水基本同季。贵州日均温度稳定超过10 °C的日期，大部分地区在3月下旬前后，≥10 °C的日数，大部分地区在200～240天；≥10 °C的积温在4 500 °C以上的无霜期长达270天左右。贵州虽然阴雨天相对较多，但在大季作物生长发育期，绝大部分地区的日照时数和太阳辐射量相对较多，约占全年太阳辐射总量的60%～70%和日照时数总量的63%～70%，此时正值多雨期，光、热、水正好同步，十分有利于大季作物的生长发育。

三是立体气候明显。由于地势起伏较大，形成了“一山有四季，十里不同天”“一日之间乍暖还寒，百里之内此燠彼凉”的立体气候特征，有利于农业开发的立体利用。

四是冬无严寒，夏无酷暑，温暖湿润。全省大部分地区的年平均气温在10 °C～20 °C之间，大部分地区冬季最冷月（1月）平均气温在3 °C～6 °C之间，夏季最热月（7月）平均气温在22 °C～26 °C之间，气候十分宜人。

贵州省“天无三日晴”的气候特点对贵州发展的影响，从不利方面看主要有以下表现：贵州大气降水虽然比较丰富，但由于山高坡陡，降水流失较快，利用十分困难。此外，冰雹、洪涝等在一些地区也时常发生。所以，灾害性气候是贵州农业发展的最大威胁。

3.3 “地无三里平”

贵州省“地无三里平” 的地貌特点对贵州发展的影响，从有利方面看有以下几点：

一是多种土地类型与多种气候类型组合在一起，有利于多种生物的繁衍生长，因此，贵州的生物资源比较丰富。在植物资源方面，全省已知的维管束植物总数约有6 000种，占全国同类植物总数的20%，居全国各省区前列。贵州有中国特有属61个，占全国特有属总数的32%。列入国家保护的珍稀植物有74种，其中一级保护植物15种，二级保护植物59种。

二是能源矿产资源十分丰富，组合态势良好，开发前景广阔。贵州的能源以煤炭和水能为主，形成了煤水结合、水火电互济的能源优势。

三是多种矿产资源与煤水结合、水火电互济的能源优势组合在一起，形成了高能耗的原材料开发体系。优势矿产主要有铝、磷、锰等。

四是喀斯特地貌特有的山、水、洞、林珠联璧合地融为一体，相映成趣，形成了独特的自然风光资源。

贵州省“地无三里平” 的地貌特点对贵州发展的影响，从不利方面看有以下几点：

一是自然生态比较脆弱。贵州喀斯特地貌处于一种抬升的发育环境中，除在一些断陷盆地，如水城、惠水、施秉等地沉积有较厚的第四纪河湖相堆积外,全省基本上处于一个深受现代侵蚀剥蚀和溶蚀的蚀源区。在自然植被未遭到破坏时，尚能保持水土，维持生态平衡。一旦自然植被遭到破坏，就会造成强烈的水土流失，使生态环境遭到破坏，严重地威胁到人们生存和发展的空间。贵州大多数土地的基岩是碳酸盐岩。由于碳酸盐岩风化缓慢，风化壳较薄，地表石沟芽发育，土层浅薄，土被不连续，因此，一旦土壤流走就难以恢复。在一些地下水位较低的地段，大气降水容易通过土壤迅速渗入岩层形成岩溶地下水，土地自然保水保肥的能力较差。

二是可耕地资源数量少，耕地质量不高，水土资源不配套。在全省耕地中，土层较厚、肥力较高、水利条件较好的一等耕地仅占22%，土层不厚、土质偏黏、肥力中等、水利条件较差的中等耕地占42%。其他的为土层浅薄、肥力较低、坡度较大、水土流失严重、无水利条件保证的耕地。贵州西部、中部地区主要河流的河源地，地形较平坦，河谷较宽阔，耕地面积较大，但水资源的分布比较少；东部、南部和北部地区河谷深切，傍河台地少，耕地分布较高，水资源分布虽然比较丰富，但田高水低，利用十分困难。

三是崇山峻岭，河谷深切，极不利于交通运输和邮电通信事业的发展。

3.4 “人无三分银”

新中国成立后，贵州各族人民在中国共产党的领导下，共同谱写了贵州历史发展的新篇章。经过60年的建设和发展，全省经济社会面貌发生了翻天覆地的变化。

在农业方面，不断加强农田水利建设，逐步改善农业生产条件。

同时，在工业方面、交通运输方面、邮电通信方面、商业贸易方面、旅游业方面、城镇化方面也得到了长足的发展。

3.5 贵州省特殊的地理环境对气候的影响

地理泛指地球表面各种自然现象、人文现象及它们之间的相互关系和区域分异。

自然环境是指环绕人类周围的各种自然因素的总和，如大气、水、植物、动物、土壤、岩石矿物、太阳辐射等。这些是人类赖以生存的物质基础，通常把这些因素划为大气圈、水圈、生物圈、土壤圈、岩石圈5个自然圈，随着生产力的发展和科学技术的进步，会有越来越多的自然因素对贵州省的发展产生影响。

3.5.1 贵州省的地貌特征

贵州地貌以高原山地为主，平均海拔在1100 m左右，是一个海拔较高、维度较低、喀斯特地貌典型发育的山区，喀斯特地貌即岩溶地貌。贵州地势西高东低，又自中部向北、东、南三面倾斜，呈三级阶梯分布。贵州地势起伏较大，最高点与最低点海拔相差2753 m。

贵州的地貌特征表现为喀斯特地貌典型发育。喀斯特地貌出露面积为10.91万km^2,占全省总面积的61.9%,碳酸岩总厚度达6 200～11 000 m,占沉积盖层总厚度的70%。

所以贵州地面上广泛分布了石沟、石牙、峰林、峰丛、盲谷、穿洞、竖井、凹地、天生桥、落水洞、瀑布、跌水、悬挂泉、喀斯特湖等千姿百态的喀斯特地貌，地下也发育了溶洞、暗河、伏流、暗湖以及石钟乳、石笋、石柱、石花、石幔、石瀑布、莲花盆、卷曲石等形态各异的喀斯特景观。

由于受到岩石性质、地质构造和自然力的影响，贵州地貌区域差异明显。

（1）东部山地丘陵区。

（2）北部中山峡谷区。

（3）中部山原丘陵盆地区。

（4）南部山地河谷区。

（5）西南部山原丘陵地区。

（6）西北部山原山地区。

3.5.2 贵州省冬无严寒、夏无酷暑的宜人气候

气候是指某一个地区多年天气特征的总和。贵州的气候温暖湿润，类型多样，属于亚热带湿润季风气候类型。所谓季风气候就是随着冬夏季节的变化而明显改变风向的气候。由于中国位于欧亚大陆东部、太平洋西岸，东部和南部大部分地区夏季主要受来自太平洋和印度洋的东南

季风和西南季风影响，温暖湿润，冬季受来自内陆的西北季风影响，寒冷干燥。贵州位于中国季风区，纬度偏低，受夏季风影响强烈，所以大部分地区气候温暖湿润。

3.5.2.1　气温

贵州在全国的温度带划分中属于亚热带范围。由于海拔较高，纬度较低，所以受纬度、地形和大气环流的影响，表现为冬温较高、夏温较低，大部分地区年平均气温在15 °C左右，冬无严寒，夏无酷暑，十分宜人。南部、北部和东部河谷地带为高温区，南部年平均气温在的其他河谷地区，年平均气温在16.5 °C左右；西北部地势较高地带为低温区，年平均气温在12 °C左右；海拔2 400 m以上的地区年平均气温在8 °C以下。其余广大地区年平均气温在14 °C～16 °C之间。

贵州的气温年变化幅度较小。最冷的一月平均气温在3 °C～6 °C之间，南部在8 °C以上，夏季最热的7月平均气温多在22 °C～26 °C之间，为典型的夏凉地区。温度最高的是东北部平均气温在28 °C左右；海拔1 800 m以上的地区平均气温在20 °C以下；大部分地区气温年变化幅度不过20 °C左右。

3.5.2.2　降水量

贵州距离南海较近，处于冷暖空气经常交锋的地带，降雨量多，年降水量在850～1600 mm之间，属于湿润地区。贵州的降水可分为三个多雨区和两个少雨带，多雨区的降雨量均在1 300 mm以上。

贵州各地常年雨量充沛，年降雨量比蒸发量大。各地降雨量年变化较小，但一年中各时期变化较大，常出现一段时期干旱少雨、一段时期却大雨或暴雨连连不断的情况。贵州雨季每年4月上旬到5月上旬自东向西到来，6～7月雨量最大，此时正值高气温、多光照时期，水、热、光基本同步，对农作物生长十分有利。

3.5.2.3　日照

贵州由于地处冷暖空气经常交锋的地带，加上特殊的地形条件，形成了阴雨多、日照少的独特天气。年日照时数在1 050～1 800 h之间，比同纬度的东部地区要少三分之一左右，还不及青藏高原的一半。在时空分布上，日照西部多、大多数时候阳光普照；东部少，整月不见太阳直射光却是常事。在时间分布上，一年中夏季日照时数最多，春季次之，冬季最少。每年9月中下旬，秋雨可连续下10～20天。大部分地区阴雨日数超过150天，年相对湿度高达70%以上，而且一年四季没有什么变化。

3.5.2.4 气候的地域差异及类型

由于贵州地面起伏较大，加上太阳辐射和大气环流的影响，使得气候垂直变化明显，地域差异显著，全省可分为南亚热带、中亚热带、北亚热带、暖温带和中温带气候类型。南亚热带在红水河和南、北盘江河谷地带，年平均气温在19 °C以上，几乎长夏无冬，农作物可一年三熟，宜多种喜温亚热带经济作物；中亚热带在东、南、北三面地势较低的河谷地带，热量资源比较丰富，冬暖夏热，农作物可一年两熟或三熟，适宜发展多种亚热带经济作物；北亚热带为黔北、黔中和黔西南海拔1 000 m左右的广大地区，冬暖夏凉，农作物可一年一熟或两熟，适种性广，这是贵州的主要气候类型。暖温带在黔西北海拔1 700～2 400 m之间的地区，冬冷夏凉；中温带为黔西北海拔2 400 m以上的地带，几乎长冬无夏。

贵州气候的地域性差异常表现在水平距离不远但地形起伏较大的山区，气温随着海拔的升高而降低，立体气候特征明显，垂直差异显著，常被形容为“一山有四季，十里不同天”。

总的来说，贵州的气候特征表现为冬无严寒、夏无酷暑、气候宜人。

4　马尾松纤维增强 HDPE 复合材料和杉木纤维增强 HDPE 复合材料的物理性能

4.1　引　言

贵州省林地面积8 771 550公顷，占本省国土总面积的49.79%。全省的林地中有林地面积5 606 000公顷，占63.91%；其中乔木林5 494 321公顷，占98.01%。全省乔木林中，马尾松1 480 842.3公顷、蓄积109 223 134 m^3，分别占26.95%、36.1%，杉木1 065 212.2公顷、蓄积84 153 629 m^3，分别占19.39%、27.81%，马尾松和杉木林是贵州省分布最广的森林类型之一，基本遍及全省所有县市。可见马尾松和杉木在贵州省具有重要意义[1,2]。马尾松和杉木是贵州省主要森林采伐和加工树种，在加工过程中产生锯屑、废料等剩余物的年产量特别大，如此丰富的生物质资源中仅有少量被作为低质燃料或原材料粗放利用，大部分尚未得到合理利用，没有发挥其天然纤维的特性优势，既存在生物质资源的严重浪费，又造成环境污染等问题[3]。

木塑复合材料，为生物质-聚合物复合材料的俗称，是一种由木质纤维材料与聚合物材料复合而制成的复合材料[4]，不但兼有木材和塑料的优异物理化学性能，如防腐防潮防虫蛀、绿色无害、尺寸稳定性和力学性能好等，而且具有原料来源广泛、成本低、易于加工和可重复使用等性能，因此，现代生活中人们对木塑复合材料的重视和使用越来越广泛。近年来木塑复合材料不断扩大应用领域并逐步替代了一些传统材料。与天然木质材料相比，木塑制品的耐用性和硬度都得到了大幅度的提高。一般地，植物纤维用来增强塑料是因为它有相对高的强度和刚度以及较低的密度，对于木塑复合材料性能的研究重点之一就是围绕它的物理力学性能而展开的。纤维的种类和特点（包括纤维的长度、长径比、强度、结构和可变性）赋予了木塑复合材料各异的特性[5-13]。

本章从有效利用贵州省森林资源优势和废弃塑料的角度出发，制备马尾松和杉木纤维增强的热塑性树脂复合材料，通过研究其物理性能，以期为该种复合材料的应用提供参考。

4.2 实验部分

4.2.1 主要原料及试剂

增强材料：马尾松纤维和杉木纤维，20～80 目，当地木材加工剩余废料。

基体材料：HDPE，型号是 5 000 s，密度是 0.949～0.953 g/L，熔体指数是 0.8～1.1 g/10 min，购于中国石油大庆石化公司。

偶联剂：马来酸酐接枝高密度聚乙烯（Maleic Anhydride grafted Polyethylene，简称 MAPE），型号 5 000 s，密度 0.949～0.953 g/L，熔体流动指数 0.8～1.1 g/10 min，购于上海日之升新技术发展有限公司。

润滑剂：PE 蜡和硬脂酸，购于中国石油大庆炼化分公司。

4.2.2 主要仪器及设备

本章所用的主要仪器及设备见表 4-1。

表 4-1 主要仪器及设备

名称	型号	生产厂家
电热恒温干燥箱	DHG-9140	上海益恒实验仪器有限公司
体视显微镜	XTL-350Z	上海长方光学仪器有限公司
电子天平	LD31001	沈阳龙腾电子称量仪器有限公司
高速混合机	SHR-10A	张家港市通河橡塑机械有限公司
双螺杆挤出机	SJSH30	南京橡塑机械厂
单螺杆挤出机		南京橡塑机械厂
锤式粉碎机	9FQ-300	丹东市正火机械制造厂
分光测色计	CM-700D	日本柯尼卡美能达公司

4.2.3 马尾松纤维/HDPE 复合材料和杉木纤维/HDPE 复合材料的制备

利用粉碎机分别将马尾松和杉木的剩余加工废料进行充分粉碎，利用电动筛筛选出20～80目的马尾松和杉木纤维，并在电热恒温干燥箱中，于105 °C的恒温环境中干燥至含水率为2%～3%，将木纤维、HDPE、MAPE按照60：36：4的质量比分别称量好，并添加MAPE质量的25%PE蜡和硬脂酸，将原料放入SHR-A型高速混合机中混合。

采用混炼造粒和挤出成型两步法，在工艺参数完全相同的条件下制备宽为40 mm、厚为4 mm的条形马尾松纤维/HDPE复合材料和杉木纤维/HDPE复合材料。

4.2.4 松纤维/HDPE 复合材料和杉木纤维/HDPE 复合材料的表面的颜色和明度测试

利用柯尼卡美能达手持式色度仪测试马尾松纤维/HDPE复合材料和杉木纤维/HDPE复合材料表面的明度值L^*和两个色度坐标，即红绿轴色度指数a^*和黄蓝轴色度指数b^*。每种试样取5个点，计算测试数据的算数平均值为该种材料的表面的颜色和亮度值。每组试件重复测试5次。

4.2.5 马尾松纤维/HDPE 复合材料和杉木纤维/HDPE 复合材料的密度测试

根据GB/T 17657-1999[14]《人造板及饰面人造板理化性能试验方法》测试马尾松纤维/HDPE复合材料和杉木纤维/HDPE复合材料的密度，每组5个重复试样。

4.2.6 马尾松纤维/HDPE 复合材料和杉木纤维/HDPE 复合材料的硬度测试

利用洛氏硬度仪测试马尾松纤维/HDPE复合材料和杉木纤维/HDPE复合材料的硬度，每组5个重复试样。

4.2.7 马尾松纤维/HDPE 复合材料和杉木纤维/HDPE 复合材料的尺寸稳定性测试

根据GB/T 17657-1999[14]《人造板及饰面人造板理化性能试验方法》测试马尾松纤维/HDPE复合材料和杉木纤维/HDPE复合材料的吸水率和吸水厚度膨胀率，试样尺寸为长20 mm、宽20 mm、厚4 mm。将所有试件放在恒温水浴锅中，水温设置为20 °C，在浸泡6 h、12 h和24 h后分别取出试样测试质量和厚度，每组5个重复试样。

马尾松纤维/HDPE复合材料和杉木纤维/HDPE复合材料的吸水率W的计算方法为

$$W\% = (w_t - w_0)/w_0 \times 100\% \tag{4-1}$$

其中w_0和w_t分别为浸泡前的质量（g）和浸泡后的质量（g）。

马尾松纤维/HDPE复合材料和杉木纤维/HDPE复合材料的吸水厚度膨胀率T的计算方法为

$$T\% = (t - t_0)/t_0 \times 100\% \tag{4-2}$$

其中t_0和t分别为浸泡前的质量（mm）和浸泡后的厚度（mm）。

4.3 结果与讨论

4.3.1 马尾松纤维/HDPE 复合材料和杉木纤维/HDPE 复合材料的表面明度和颜色

由两种材料表面的明度和颜色测试结果可知，马尾松纤维/HDPE复合材料的明度值L^*为56.74，红绿轴色度指数a^*为5.77，黄蓝轴色度指数b^*为16.44；杉木纤维/HDPE复合材料的明度值为39.97，红绿轴色度指数a^*为7.28，黄蓝轴色度指数b^*为10.58。由此可见，马尾松和杉木纤维的颜色直接影响其增强聚合物复合材料的表面明度和颜色（见图4-1）。以马尾松为增强材料的表面明度值大，且颜色相对偏向绿黄色，而杉木增强材料则偏向红蓝色。北方常见的杨木，其纤维增强HDPE复合材料的平均明度值为50.32，平均红绿轴色度指数a^*为8.40，平均黄蓝轴色度指数b^*为18.08，对比发现贵州省的特色树种马尾松和杉木纤维增强HDPE复合材料的颜色偏蓝和绿。

图 4-1 杉木纤维/HDPE 复合材料（左）与马尾松纤维/HDPE 复合材料（右）

4.3.2 马尾松纤维/HDPE 复合材料和杉木纤维/HDPE 复合材料的密度和硬度

马尾松纤维/HDPE复合材料平均密度为1.181×10^{-3} g/mm^3，杉木纤维/HDPE复合材料的平均密度为1.165×10^{-3} g/mm^3，相差仅为1.3%左右，硬度值相差也不超过5%，在密度和硬度方面，两种复合材料与杨木纤维/HDPE复合材料的密度和硬度相差不大。

4.3.3 马尾松纤维/HDPE 复合材料和杉木纤维/HDPE 复合材料的尺寸稳定性

木塑复合材料常被用作室外地板、座椅以及码头铺板和海港护栏等，水分接触是不可避免的，其尺寸稳定性尤为重要，材料的吸水率和吸水厚度膨胀率测试结果（表4-2）显示，马尾松纤维/HDPE复合材料的24 h吸水率与杉木纤维/HDPE复合材料相差不多，但吸水厚度膨胀率是杉木纤维/HDPE复合材料的3.43倍。这主要是因为马尾松木材的表面极性和亲水性能远高于杉木木材[15]，以马尾松纤维为增强材料的复合材料更易吸附水分子这样的极性小分子。两种复合材料的尺寸稳定性均明显优于北方常用树种杨木纤维/HDPE复合材料[16-22]，而杉木纤维/HDPE复合材料更适合在户外潮湿环境使用。

表 4-2　马尾松纤维/HDPE 复合材料和杉木纤维/HDPE 复合材料的尺寸稳定性

类型	吸水率/%			吸水厚度膨胀率/%		
	6 h	12 h	24 h	6 h	12 h	24 h
马尾松纤维/HDPE 复合材料	1.551	1.902	2.148	2.242	2.597	4.836
杉木纤维/HDPE 复合材料	1.069	2.302	2.412	0.083	0.665	1.411

4.4　本章小结

贵州省主要森林采伐和加工树种马尾松和杉木等在加工过程中产生木屑、锯末和废料等剩余物的年产量极大，如此丰富的生物质资源除少量被作为低质燃料或原材料被粗放利用外，未得到充分合理的开发。另外贵州省每年塑料类消费量也相当巨大，废旧塑料的随意丢弃造成严重的环境污染。利用贵州省优势木种纤维填充废旧塑料，制备木塑复合材料，可用于户外地板、风景园林、外墙挂板、装饰材料等多方面，不仅可以缓解环境污染问题，而且有助于提高材料附加值，创造良好经济效益。

本章利用贵州省优势木种纤维填充废旧塑料，制备马尾松纤维/HDPE复合材料和杉木纤维/HDPE复合材料，并研究其表面明度、颜色、密度、硬度和尺寸稳定性等物理性能，得出以下结论：

（1）马尾松纤维/HDPE复合材料的表面明度明显大于杉木纤维/HDPE复合材料，且相对偏向绿黄色，而杉木纤维/HDPE复合材料则偏向红蓝色。

（2）两种材料的密度、硬度和24 h吸水率相差均不超过5%，但马尾松纤维/HDPE复合材料的24 h吸水厚度膨胀率是杉木纤维/HDPE复合材料的3.43倍。

(3) 两种复合材料的尺寸稳定性均明显优于北方常用树种杨木纤维/HDPE复合材料，杉木纤维/HDPE复合材料更适合在户外潮湿环境中使用。

参考文献

[1] 安元强，郑勇奇，曾鹏宇，等. 我国林木种质资源调查工作与策略研究[J]. 世界林业研究，2016，2：1-9.

[2] 刘基勇. 贵州省林地保护利用现状及实施规划的对策措施[J]. 农业与技术，2016，36(2)：188.

[3] Rowell RM. Challenges in biomass–thermoplastic composites[J]. Journal of Polymers and the Environment, 2007, 15(4): 229-235.

[4] 王清文，王伟宏. 木塑复合材料与制品[M]. 北京：化学工业出版社，2007.

[5] Maldas D, Kokta B V, Daneault C. Thermoplastic composites of polystyrene: effect of different wood species on mechanical properties[J]. Journal of Applied Polymer Science, 1989, 38(3): 413-439.

[6] Neagu R C, Gamstedt E K, Berthold F. Stiffness contribution of various wood fibers to composite materials[J]. Journal of Composite Materials, 2006, 40(8): 663-699.

[7] Lee B J M C, Donald A G, James B. Influence of fiber length on the mechanical properties of wood–fiber/polypropylene prepreg sheets[J]. Materials Research Innovations, 2000, 4(2/3): 97-103.

[8] Sapuan S M, Leenie A, Harimi M, et al. Mechanical properties of woven banana fibre reinforced epoxy composites[J]. Materials Design, 2006, 27(8): 689-693.

[9] 王辉，邸明伟，王清文. 热环境对偶联剂处理聚乙烯木塑复合材表面性质的影响[J]. 林业科学，2013，49(12)：114-120.

[10] Gamstedt K E, Nygard P, Lindström M. Transfer of knowledge from papermaking to manufacture of composite materials[J]. In: Proceedings of the 3e symposium international sur les composites bois polymères, Bordeaux, France, 2007, 3: 26-27.

[11] Migneault S, Koubaa A, Erchiqui F, et al. Effect of fiber length on processing and properties of extruded wood-fiber/HDPE composites[J]. Journal of Applied Polymer Science, 2008, 110(2): 1085-1092.

[12] Migneault S, Koubaa A, Erchiqui F, et al. Effect of processing method and fiber size on the structure and properties of wood–plastic composites[J]. Composites:Part A, 2009, 40: 80-85.

[13] Stark N M, Rowlands R E. Effects of wood fiber characteristics on mechanical properties of wood/polypropylene composites[J]. Wood and Fiber Science, 2003, 35(2): 167-174.

[14] 中国国家标准化管理委员会. GB/T 17657-2013 人造板及饰面人造板理化性能试验方法[S]. 北京：中国标准出版社，2013.

[15] 王正. 木塑复合材料界面特性及其影响因子的研究[D]. 北京:中国林业科学研究院，2001.

[16] 曹岩. 纤维尺寸及分布对 WPCs 力学性能的影响[D]. 哈尔滨:东北林业大学，2013.

[17] 王伟宏，张晨夕. 自然老化对木粉/HDPE 复合材性能的影响及添加剂的应用[J]. 林业科学, 2012, 48(4): 102-120.

[18] Tamrakar S, Lopez A R A, Kiziltas A, et al. Time and temperature dependent response of a wood-polypropylene composite[J]. Composites:Part A, 2011, 42(7): 834–842.

[19] Tasciouglu C, Yoshimura T, Tsunoda K. Biological performance of wood-plastic composites containing Zinc borate: Laboratory and 3-year field test results[J]. Composites:Part B, 2013, 51: 185-190.

[20] 李慧媛，周定国，吴清林. 硼酸锌/紫外光稳定剂复配对高密度聚

乙烯基木塑复合材料光耐久性的影响[J]. 浙江农林大学学报，2015，32（6）：914-918.

[21] 潘祖仁. 高分子化学[M]. 北京：化学工业出版社，2005.

[22] 徐朝阳，朱方政，李大纲，等. 光和水对HDPE/稻壳复合材料颜色的影响[J]. 中国人造板，2010，12（4）：12-15.

5 马尾松纤维增强 HDPE 复合材料和杉木纤维增强 HDPE 复合材料的力学性能

5.1 引 言

木塑复合材料不但在很多领域可以代替天然木材，而且能为废弃塑料找到处理的新途径，因此，受到人们的日益关注[1]。它在继承了木材良好的加工性和塑料的易成型性的同时扩大了木材应用范围并克服了聚合物力学上的缺点，节省了成本的同时又扩大了应用范围，提高了材料的附加值[2-8]。与天然木质材料相比，木塑制品的耐用性和硬度都得到了大幅度提高。

一般地，植物纤维用来增强塑料是因为它有相对高的强度和刚度以及较低的密度，对于木塑复合材料性能的研究重点之一就是围绕它的物理力学性能（包括弯曲性能、拉伸性能、抗冲击性能、动态热机械能和抗蠕变性能）而展开的。纤维的不同特点（包括纤维的长度、长径比、强度、结构和可变性）赋予了木塑复合材料各异的特性[9-14]。1989 年，Maldas 和 Kokta 等学者[15]研究了纤维的尺寸对木塑复合材料的力学性能的影响，研究了纤维的密度和长径比对热塑性树脂的增强效果。1996 年，Zaini 学者[16]报道过木质纤维尺寸从 250 目增加到 63 目，其增强 PP 复合材料的拉伸断裂强度随之增加。1997 年，Stark 和 Berger[17]研究了纤维的尺寸对于木粉填充 PP 复合材料的性质的影响，他们总结了弯曲强度和弯曲弹性模量、拉伸强度和拉伸弹性模量、无缺口冲击能量、热变形温度和熔体流动指数都随着木粉粒径的增加而增加。

2000 年，Rowell 等学者[18]也提出长径比是影响木塑复合材料的力学性能的一个非常重要的因素；2002 年，Joseph 等学者[19]制备了不同长度马尼拉纤维增强苯酚甲醛树脂复合材料，研究发现马尼拉纤维的长度和复合材料弯曲强度和弯曲弹性模量值成正比，通过分析优化出利于提高复合材料的强度和弹性模量的最佳纤维长度是 40 mm。2003 年，Stark 和 Rowlands[9]研究也指明了长径比影响着材料的强度和刚度。2004 年，Baiardo 等学者[20]经过混合处理法制备了亚麻纤维增强脂肪酸聚酯(Bionolle)的复合材料，研究了纤维长度和分布对复合材料的拉伸性质的影响，根据修正后的 ROM 模型建立了拉伸力学模型。2006 年，Sapuan 等学者[21]做了马尼拉麻的尺寸对其增强环氧树脂复合材料的拉伸性能影响的研究；同年，Neagu 和 Gamstedt 等学者[22]研究了木质纤维的尺寸对复合材料的强度的贡献，并探寻了纤维含量和杨氏模量之间的关系，并提出了提高强度的最佳纤维含量；Chen 等学者[23]的研究同样证明了大尺寸的木材纤维增强 HDPE 复合材料的力学强度更大。2007 年，Rao 等人[24]研究了竹、棕榈、马尼拉麻、油棕榈、剑麻和椰子壳等纤维在不同的纤维横截面积对增强聚合物复合材料的拉伸性能的影响；Ben Brahim 和 Ben Cheikh[25]研究了 alfa 纤维的指向性和体积分数对于纤维增强聚合物复合材料的拉伸性能的影响。2008 年，Migneault 等人报道了保持增强纤维的直径不变而增加纤维的长度，可以提高 HDPE 基复合材料的强度和弹性模量；Stark 和 Berger 等人[17]发现长度在 0.25 mm 以上的纤维填充热塑性树脂会导致材料拉伸性能的降低。2009 年，Hassine 等人[26]研究了木质纤维的种类、尺寸和纤维含量对木纤维增强 HDPE 复合材料的物理性质和力学性能的影响，他们指出增加纤维尺寸能提高复合材料的力学性能，包括弯曲断裂强度和弯曲弹性模量以及拉伸断裂强度和拉伸弹性模量，这也验证了 Stark 等学者们[9,17]、Zaini 等学者们[16]、Dikobe 和 Luyt 学者们[27]的研究结果。材料在纤维填充量较高时，复合材料的弯曲弹性模量随着纤维尺寸的增加而逐渐变大，在纤维质量分数为 45 %时，纤维的尺寸从 100 目增加到 24 目，弯曲弹性模量从 2.1 GPa 提高到 2.7 GPa。同样，复合材料弯曲强度也是在纤维含量较高时（质量分数 45 %）受到纤维的尺寸的影响较大。纤维尺寸从 65 目增加到 24 目，弯曲强度提高了 24 %左右。另一方面，木质纤维和 HDPE 基质的相容度也逐步提高了复合材料的拉伸强度，纤维的平均尺寸从 65 目增加到 24 目，复合材料的拉伸强度在纤维不同质量分数下分别提高了 43%（纤维质量分数为 25%）、10%（纤维质量分数为 35%）和 12%（纤维质量分数为 45%）。Stark 和 Rowlands 学者们也证明了纤维的尺寸增加能增加复合材料的强度。

2010 年，Martin 等学者[28]利用长短、粗细不一的黑云杉和山杨树皮纤维增强 HDPE，考察纤维的种类、含量和尺寸对复合材料的弯曲和拉伸性能的影响。含 50%黑云杉的木塑复合材料和含 60%山杨树皮的木塑复合材料的拉伸性能和弯曲性能随着纤维尺寸的增加而增加。然而，含 60%黑云杉复合材料和含 50%山杨树皮的木塑复合材料的拉伸强度随着纤维尺寸的增加而减小。Martin 等还指出，对比中等尺寸（32～60 目）和大尺寸的（16～32 目）纤维，小尺寸的（60～80 目）纤维的长径比较小，长径比大的纤维有助于提高复合材料的力学性能。小尺寸纤维导致在 HDPE 基质中的分散性差，从而导致了应力集中，降低了复合材料的力学性能。

关于混合纤维增强热塑性树脂的性能的研究甚少。项目从利用贵州省自然资源优势和解决废弃木材及塑料污染的角度出发，研究制备马尾松和杉木纤维增强的热塑性树脂复合材料。据粗略估计，每生产一吨木塑复合材料，相当于少砍伐 1.5 棵 30 年树龄的树、减少 6 万个废弃塑料袋的污染、减少 114 亩农田的地膜残留隐患。生物质复合材料具有非常显著的生态环境效益，且具有原料资源化、产品可塑化、环保可再生等优势，是一个名副其实的低碳产业。

本项目利用马尾松、杉木和 HDPE 的废旧原料，研究制备高性能的复合材料，可用于户外地板、风景园林、外墙挂板、装饰材料等多方面，不仅可以缓解环境污染问题，而且可以提高材料附加值，创造良好经济效益。同时，新技术的应用还会带来更多的就业机会，具有良好社会效益，并有利于促进贵州省木塑复合材料产业的发展，为木材加工废料的回收利用和废弃塑料的循环利用提供有效的途径。

本章从有效利用贵州省森林资源优势和废弃塑料的角度出发，制备马尾松和杉木纤维增强的热塑性树脂复合材料，通过研究其力学性能，以期为该种复合材料的应用提供参考。

5.2 实验部分

5.2.1 实验材料

增强材料：20～80 目马尾松和杉木剩余加工废料。

基体材料：HDPE，型号是 5000 s，密度是 0.949～0.953 g/L，熔体指数是 0.8～1.1 g/10 min，购于中国石油大庆石化公司。

偶联剂：MAPE，型号 CMG9804，接枝率 0.9%，熔体指数 0.7～1.0 g/10 min，购于上海日之升新技术发展有限公司。

润滑剂：PE 蜡和硬脂酸，购于中国石油大庆炼化分公司。

5.2.2 实验仪器

本章所用的主要仪器及设备见表 5-1。

表 5-1 主要仪器及设备

名称	型号	生产厂家
电热恒温干燥箱	DHG-9140	上海益恒实验仪器有限公司
体视显微镜	XTL-350Z	上海长方光学仪器有限公司
电子天平	LD31001	沈阳龙腾电子称量仪器有限公司
高速混合机	SHR-10A	张家港市通河橡塑机械有限公司
双螺杆挤出机	SJSH30	南京橡塑机械厂
单螺杆挤出机		南京橡塑机械厂
锤式粉碎机	9FQ-300	丹东市正火机械制造厂
电子万能力学试验机	RGT-20A	深圳瑞格尔仪器有限公司
组合式冲击机	XJ-50 G	河北承德力学实验机有限公司

5.2.3 马尾松纤维/HDPE 复合材料和杉木纤维/HDPE 复合材料的制备

利用粉碎机分别将马尾松和杉木的剩余加工废料进行充分粉碎，利用电动筛筛选出20～80目的马尾松和杉木纤维,并在电热恒温干燥箱中，于105 °C的恒温环境中干燥至含水率为2%～3%，将木纤维、HDPE、MAPE按照60：36：4的质量比分别称量好，并添加MAPE质量的25%PE蜡和硬脂酸，将原料放入SHR-A型高速混合机中混合。采用混炼造粒和挤出成型两步法，在工艺参数完全相同的条件下制备宽为40 mm、厚为4 mm的条形马尾松纤维/HDPE复合材料和杉木纤维/HDPE复合材料。

5.2.4 马尾松纤维/HDPE 复合材料和杉木纤维/HDPE 复合材料的力学性能测试

5.2.4.1 马尾松纤维/HDPE 复合材料和杉木纤维/HDPE 复合材料的弯曲性能测试

马尾松纤维/HDPE复合材料和杉木纤维/HDPE复合材料的弯曲强度和弯曲弹性模量按照标准ASTM D 790—03[29]《Standard test methods for flexural properties of unreinforced and reinforced plastics and electrical insulating materials》进行测试，测试仪器为电子万能力学试验机，跨距为64 mm,弯曲速度为1.9 mm/min。弯曲试件长80 mm,宽13 mm,厚4 mm。制备好的试件根据实际的尺寸进行测量，每一组5个重复试样。

5.2.4.2 马尾松纤维/HDPE 复合材料和杉木纤维/HDPE 复合材料的拉伸性能测试

马尾松纤维/HDPE复合材料和杉木纤维/HDPE复合材料的拉伸强度和拉伸弹性模量按照标准ASTM D 638-2010[30] 《Standard通test method for tensile properties of plastics》进行测试，测试仪器为电子万能力学试验机，跨距为50 mm，拉伸速度为5 mm/min。拉伸试件为哑铃状，长165 mm，宽20 mm（最细部分宽为12.7 mm)，厚4 mm。制备好的试件根据实际的尺寸进行测量，每一组5个重复试样。

5.2.4.3　冲击性能测试

根据国家塑料冲击试验标准GB/T 1043-1993[31]《塑料简支梁冲击性能测定I：非仪器化冲击试验》进行简支梁摆锤冲击试验，测试仪器为组合式冲击实验机，跨距为60 mm，冲击速度为2.9 m/s，摆锤能量为2J。冲击试件长和宽分别为80 mm和10 mm，厚4 mm，无缺口。制备好的试件根据实际的尺寸进行测量，每一组5个重复试样。

5.3　结果与讨论

根据弯曲性能测试结果，马尾松纤维/HDPE复合材料的弯曲强度和弯曲弹性模量分别为43.32 MPa和3.23 GPa，而杉木纤维/HDPE复合材料的弯曲强度和弯曲弹性模量分别达到63.88 MPa和3.97 GPa，分别提高了47.46%和22.91%。

根据拉伸性能测试结果，马尾松纤维/HDPE复合材料的拉伸强度为21.43 MPa，拉伸弹性模量为0.95 GPa，而杉木纤维/HDPE复合材料的拉伸强度达到41.24 MPa，拉伸弹性模量达到2.20 GPa，分别提高了92.44%和131.58%。

根据无缺口简支梁冲击实验测试结果，马尾松纤维/HDPE复合材料的冲击强度为6.94 KJ/m^2，而杉木纤维/HDPE复合材料的冲击强度达到11.80 KJ/m^2，提高了70.03%。

杉木纤维/HDPE复合材料的力学性能值均显著大于马尾松纤维/HDPE复合材料的主要原因，在于杉木的总表面自由能和非极性表面自由能高于马尾松[32]，导致杉木纤维和HDPE基体的界面结合强度高，力学性能明显增强。

5.4　本章小结

利用两步挤出法分别制备马尾松增强HDPE复合材料和杉木纤维增强HDPE复合材料，研究两种复合材料的弯曲、拉伸、冲击力学性能，结果表明：

（1）马尾松纤维/HDPE复合材料的弯曲强度和弯曲弹性模量分别为

43.32 MPa和3.23 GPa，拉伸强度和拉伸弹性模量分别为21.43 MPa和0.95 GPa，冲击强度为6.94 KJ/m^2。

（2）杉木纤维/HDPE复合材料的弯曲强度和弯曲弹性模量分别为63.88 MPa和3.97 GPa，拉伸强度和拉伸弹性模量分别为41.24 MPa和2.20 GPa，冲击强度为11.80 KJ/m^2。

（3）杉木纤维/HDPE复合材料的力学性能明显优于马尾松纤维/HDPE复合材料，与之相比，弯曲强度、弯曲弹性模量、拉伸强度、拉伸弹性模量和冲击强度分别提高了47.46 %、22.91 %、92.44 %、131.58 %和70.03 %。

参考文献

[1] 应伟斌，袁新华，程晓农. 两种不同基体木塑复合材料的制备及性能研究[J]. 塑料，2006，35（4）：12-16.

[2] 于艳滨，唐跃，姜蔚. 木塑复合材料成型工艺及影响因素的研究[J]. 工程塑料应用，2008，36（11）：36-40.

[3] 赵永生，薛平，朱复华. 木塑复合材料的研究进展[J]. 塑料制造，2006，(6)：67-71.

[4] 林翔，李建章，毛安. 木塑复合材料应用于研究进展[J]. 木材加工机械，2008，(1)：46-49.

[5] 刘波. 木塑复合材料制备及性能的研究[J]. 辽宁化工，2007，36（12）：797-799.

[6] 李跃文，陈兴华. 木塑复合材料的制备及其研究进展[J]. 塑料助剂，2008，71（5）：1-6.

[7] 钟鑫，薛平，丁筠. 改性木粉爪 vc 复合材料的性能研究[J]. 中国塑料，2004，18（3）：62-66.

[8] 赵娟，崔怡，李丙海. 木塑复合材料改性研究进展[J]. 塑料科技，2007，35（2）：90-98.

[9] Stark N M, Rowlands R E. Effects of wood fiber characteristics on mechanical properties ofwood/polypropylenecomposites[J]. Wood Fiber

Sci, 2003, 35(2): 167-174.

[10] Migneault S, Koubaa A, Erchiqui F, Chaala A, Englund K, Krause C, et al. Effect of fiber length on processing and properties of extruded wood-fiber/HDPE composites[J]. J Appl Polym Sci, 2008, 110(2): 1085-1092.

[11] Gamstedt K E, Nygard P, Lindström M. Transfer of knowledge from papermaking to manufacture of composite materials[J]. In: Proceedings of the 3e symposium international sur les composites bois polymères, Bordeaux, France, 2007, 3:26-27.

[12] Migneault S, Koubaa A, Erchiqui F, Chaala A, Englund K, Wolcott MP. Effect of processing method and fiber size on the structure and properties of wood–plastic composites[J]. Compos Part A, 2009, 40:80-85.

[13] Lee B J M C, Donald A G, James B. Influence of fiber length on the mechanical properties of wood–fiber/polypropylene prepreg sheets[J]. Mater Res Innov, 2000; 4(2/3): 97-103.

[14] Sanschagrin B, Sean S T, Kokta B V. Mechanical properties of cellulose fibers reinforced thermoplastics[J]. J Thermoplast Compos Mater, 1988, 1:184-195.

[15] Maldas D, Kokta B V, Daneault C. Thermoplastic composites of polystyrene: effect of different wood species on mechanical properties[J]. J Appl Polym Sci, 1989, 38(3): 413-439.

[16] Zaini M J, Fuad M Y A, Ismail Z, Mansor M S, Mustafah J. The effect of filler content and size on the mechanical properties of polypropylene/oil palm wood flour composites[J]. Polym Int, 1996; 40(1): 51-55.

[17] Stark N M, Berger M J. Effect of particle size on properties of wood–flour reinforced polypropylene composites[J]. In: Fourth

international conference on woodfiber–plastic composites. (Madison WI): Forest Product Society, 1997.

[18] Rowell R M, Han J S, Rowell J S. Characterization and factors effecting fiber properties[J]. In: Natural polymers and agrofibers composites, Sãn Carlos (Brazil); 2000,292.

[19] Joseph S, Sreekala M S, Oommen Z, Koshy P, Thomas S. A comparisonof the mechanical properties of phenol formaldehyde composites reinforced with banana fibres and glass fibres[J]. Composites Science and Technology, 2002, 62(14): 1857-1868.

[20] Baiardo M, Zini E, Scandola M. Flax fibre–polyester composites[J]. Composites Part A: Applied Science and Manufacturing, 2004, 35: 703-710.

[21] Sapuan S M, Leenie A, Harimi M, Beng Y K. Mechanical properties of woven banana fibre reinforced epoxy composites[J]. Materials and Design 2006, 27(8): 689-693.

[22] Neagu R C, Gamstedt E K, Berthold F. Stiffness contribution of various wood fibers to composite materials[J]. J Compos Mater, 2006, 40(8): 663-699.

[23] Chen H C, Chen T Y, Hsu C H. Effects of wood particle size and mixing ratios of HDPE on the properties of the composites[J]. Holz Roh Werkst, 2006, 64(3): 172-177.

[24] Rao K M M, Rao K M. Extraction and tensile properties of natural fibers: vakka, date and bamboo[J]. Composite Structures, 2007, 77(3): 288-295.

[25] Ben Brahim S, Ben Cheikh R. Influence of fibre orientation and volume fraction on the tensile properties of unidirectional Alfa-polyester composite[J]. Composites Science and Technology, 2007, 67(1):140-147.

[26] Hassine B, Ahmed K, Patrick P, Alain C. Effects of fiber characteristics on the physical and mechanical properties of wood plastic composites[J]. Composites: Part A, 2009, 40:1975-1981.

[27] Dikobe D G, Luyt A S. Effect of filler content and size on the properties of ethylene vinyl acetate copolymer–wood fiber composites[J]. J Appl Polym Sci, 2007; 103(6): 3645-3654.

[28] Martin C N Y, Ahmed K, Alain C, Patrice S, Michael W. Effect of bark fiber content and size on the mechanical properties of bark/HDPE composites[J]. Composites: Part A, 2010, 41: 131-137.

[29] American Society of Testing Materials International. ASTM 790-03 Standard test methods for flexural properties of unreinforced and reinforced plastics and electrical insulating materials[S]. West Conshohocken: ASTM International, 2003.

[30] American Society of Testing Materials International. ASTM D 638-2010 Standard test method for tensile properties of plastics[S]. West Conshohocken: ASTM International, 2010.

[31] 中国国家标准化管理委员会. GB/T 1043.1-2008 塑料简支梁冲击性能测定 I: 非仪器化冲击试验[S]. 北京：中国标准出版社，2008.

[32] 王正. 木塑复合材料界面特性及其影响因子的研究[D]. 北京：中国林业科学研究院，2001.

6 马尾松纤维和杉木纤维质量比对其增强 HDPE 复合材料的物理和力学性能的影响

6.1 引 言

1989年，Maldas等学者[1] 的研究表明，纤维的种类赋予了木塑复合材料各异的力学特性。2006年，Neagu等学者[2]的研究结果证实了纤维的种类影响木塑复合材料的物理性能和力学性能。2014年，吴章康研究团队[3] 探究了纤维的种类对木塑复合材料耐老化性能的影响。本章从充分利用贵州省森林资源优势和废弃塑料的角度出发，用不同质量比的马尾松和杉木的混合纤维作为增强材料，填充HDPE，制备马尾松纤维/杉木纤维/HDPE复合材料，研究马尾松纤维和杉木纤维的质量比对复合材料的物理、力学性能的影响，为进一步扩大马尾松纤维/杉木纤维/HDPE复合材料的应用范围以及该种混合纤维增强聚合物复合材料的性能研究提供一定的参考依据。

6.2 实验部分

6.2.1 主要原料及试剂

马尾松纤维和杉木纤维：20～80目，当地木材加工剩余废料。

HDPE：型号5000 s，密度0.949～0.953 g/L，熔体流动指数0.8～1.1 g/10 min，购于中国石油大庆石化公司；

MAPE：型号CMG9804，接枝率0.9%，熔体指数0.7～1.0 g/10 min，购于上海日之升新技术发展有限公司。

PE蜡和硬脂酸，购于中国石油大庆炼化分公司。

6.2.2 实验仪器

本章所用的主要仪器及设备见表6-1。

表6-1 主要仪器及设备

名称	型号	生产厂家
电热恒温干燥箱	DHG-9140	上海益恒实验仪器有限公司
体视显微镜	XTL-350Z	上海长方光学仪器有限公司
电子天平	LD31001	沈阳龙腾电子称量仪器有限公司
高速混合机	SHR-10A	张家港市通河橡塑机械有限公司
双螺杆挤出机	SJSH30	南京橡塑机械厂
单螺杆挤出机		南京橡塑机械厂
锤式粉碎机	9FQ-300	丹东市正火机械制造厂
分光测色计	CM-700D	日本柯尼卡美能达公司
电子万能力学试验机	RGT-20A	深圳瑞格尔仪器有限公司
组合式冲击机	XJ-50 G	河北承德力学实验机有限公司

6.2.2 马尾松纤维/杉木纤维/HDPE复合材料的制备

将马尾松纤维和杉木纤维于105 °C下干燥至含水率低于3%，将原料按表6-2所示的质量比称量好，添加MAPE质量的25%PE蜡和硬脂酸。将原料放入SHR-A型高速混合机中充分混合，采用混炼造粒和挤出成型两步法制备7种40 mm宽、4 mm厚的条状板材。

表6-2 马尾松纤维/HDPE复合材料和杉木纤维/HDPE复合材料的原料的质量分数(%)

序号	马尾松纤维	杉木纤维	HDPE	MAPE
1	60	0	36	4
2	50	10	36	4
3	40	20	36	4
4	30	30	36	4
5	20	40	36	4
6	10	50	36	4
7	0	60	36	4

6.2.3 马尾松纤维/杉木纤维/HDPE 复合材料的密度测试

根据GB/T 17657—2013[4]《人造板及饰面人造板理化性能试验方法》测试马尾松纤维/杉木纤维/HDPE复合材料的密度。每组试件重复测试5次。

6.2.4 马尾松纤维/杉木纤维/HDPE 复合材料的颜色测试

利用柯尼卡美能达手持式色度仪测试马尾松纤维/杉木纤维/HDPE复合材料表面的明度值L^*、红绿轴色度指数a^*和黄蓝轴色度指数b^*。每种试样取5个点。

6.2.5 马尾松纤维/杉木纤维/HDPE 复合材料的尺寸稳定性测试

根据GB/T 17657—2013[4]《人造板及饰面人造板理化性能试验方法》测试马尾松纤维/杉木纤维/HDPE复合材料的24 h吸水率和24 h吸水厚度膨胀率，试样长20 mm、宽20 mm、厚4 mm。将所有试件放在恒温水浴锅中，水温设置为20 °C，在浸泡24 h后取出试样，测试质量和厚度，每一组5个重复试样。

马尾松纤维/杉木纤维/HDPE复合材料的24 h吸水率W的计算方法为

$$W\% = (w_t - w_0)/w_0 \times 100\% \quad (6\text{-}1)$$

式中，w_0和w_t分别为复合材料浸泡前的质量(g)和浸泡24 h后的质量(g)。

马尾松纤维/杉木纤维/HDPE复合材料的24 h吸水厚度膨胀率T的计算方法为

$$T\% = (t - t_0)/t_0 \times 100\% \quad (6\text{-}2)$$

式中，t_0和t分别为复合材料浸泡前的厚度（mm）和浸泡24 h后的厚度(mm)。

6.2.6 马尾松纤维/杉木纤维/HDPE 复合材料的弯曲性能测试

马尾松纤维/杉木纤维/HDPE复合材料的弯曲强度和弯曲弹性模量按照ASTM D 790—03[5]《Standard test methods for flexural properties of unreinforced and reinforced plastics and electrical insulating materials》进行测试，测试仪器为电子万能力学试验机，跨距为64 mm，弯曲速度为1.9 mm/min。试件长80 mm，宽13 mm，厚4 mm（见图6-1）。制备好的试件根据实际的尺寸进行测量，每一组5个重复试样。

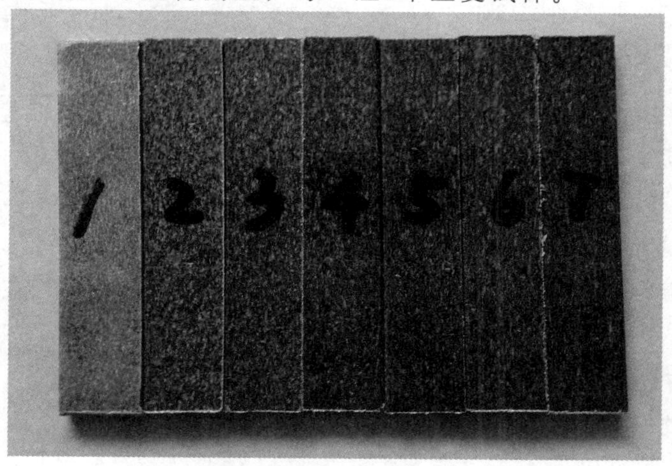

图 6-1 马尾松纤维/杉木纤维/HDPE 复合材料

6.2.7 马尾松纤维/杉木纤维/HDPE 复合材料的拉伸性能测试

马尾松纤维/杉木纤维/HDPE复合材料的拉伸强度和拉伸弹性模量按照ASTM D 638—2010[6]《Standard test method for tensile properties of plastics》进行测试，测试仪器为电子万能力学试验机，跨距为50 mm，拉伸速度为5 mm/min。试件为哑铃状，长165 mm，宽20 mm（最细部分宽为12.7 mm），厚4 mm。制备好的试件根据实际的尺寸进行测量，每一组5个重复试样。

6.2.8 马尾松纤维/杉木纤维/HDPE 复合材料的冲击性能测试

根据GB/T 1043.1—2008[7]《塑料简支梁冲击性能测定I：非仪器化冲击试验》对马尾松纤维/杉木纤维/HDPE复合材料进行简支梁摆锤冲击试验，测试仪器为组合式冲击实验机，跨距为60 mm，冲击速度为2.9 m/s，摆锤能量为2 J。试件长和宽分别为80 mm和10 mm，厚4 mm，无缺口。制备好的试件根据实际的尺寸进行测量，每一组5个重复试样。

6.3 结果与讨论

6.3.1 马尾松纤维和杉木纤维的质量比对复合材料物理性能的影响

7种马尾松纤维/杉木纤维/HDPE复合材料的密度介于1165和1197 $kg \cdot m^{-3}$之间，彼此相差不超过3%。可见马尾松纤维和杉木纤维的质量比对复合材料的密度影响不大。

图6-2为7种马尾松纤维/杉木纤维/HDPE复合材料的颜色和尺寸稳定性的测试结果。马尾松纤维/HDPE复合材料的表面明度值最大，为56.74，随着马尾松纤维和杉木纤维质量比的减小，复合材料的表面明度值逐渐变小，杉木纤维/HDPE复合材料的表面明度值最小，为39.97，仅是马尾松纤维/HDPE复合材料的70.44%。

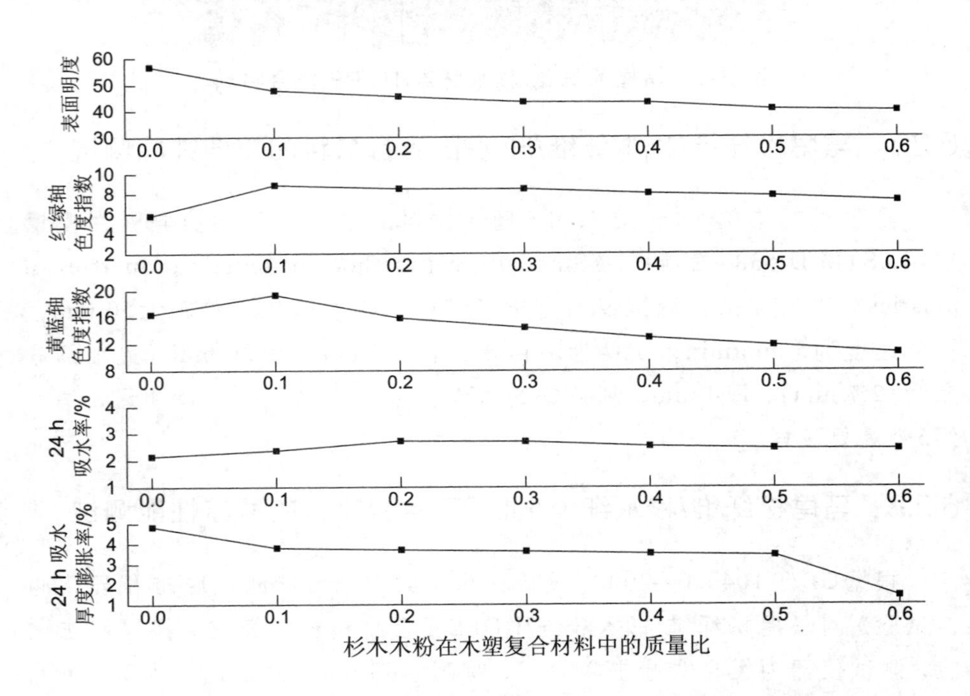

图 6-2 马尾松纤维/杉木纤维/HDPE 复合材料的物理性能

马尾松纤维/HDPE复合材料的红绿轴色度指数最小，为5.77，而黄蓝轴色度指数居中，为16.44。将1/6的马尾松纤维换成杉木纤维，复合材料的红绿轴色度指数和黄蓝轴色度指数显著增加，分别达到8.90和19.34，比马尾松纤维/HDPE复合材料提高了54.25%和17.64%。继续用杉木纤维替代马尾松纤维，复合材料的红绿轴色度指数和黄蓝轴色度指数反而逐渐减小。当5/6的马尾松纤维被杉木纤维替代时，复合材料的红绿轴色度指数和黄蓝轴色度指数分别减小到7.78和11.72。杉木纤维/HDPE复合材料的红绿轴色度指数和黄蓝轴色度指数分别为7.28和10.58，红绿轴色度指数比马尾松纤维/HDPE复合材料高26.17%，而黄蓝轴色度指数仅为马尾松纤维/HDPE复合材料的64.36%。

由7种马尾松纤维/杉木纤维/HDPE复合材料的吸水尺寸稳定性测试结果得到，马尾松纤维/杉木纤维//HDPE的吸水率介于2.148%和2.710%之间，可以说，马尾松纤维和杉木纤维的质量比对复合材料的吸水率影响不大；马尾松纤维/HDPE复合材料的24 h吸水厚度膨胀率最大，为4.836%，随着杉木纤维含量的增加，复合材料的24 h吸水厚度膨胀率显著减小，杉木纤维/HDPE复合材料的24 h吸水厚度膨胀率为1.411%，仅为马尾松纤维/HDPE复合材料的29.18%。

可见，杉木纤维/HDPE复合材料的24 h吸水尺寸稳定性较好，主要原因在于杉木木材的表面极性和亲水性能低于马尾松木材[8]，杉木纤维/HDPE复合材料不易吸附水分子等极性小分子。

6.3.2 马尾松纤维和杉木纤维的质量比对复合材料力学性能的影响

图6-3为7种马尾松纤维/杉木纤维/HDPE复合材料的弯曲、拉伸和冲击性能的测试结果。马尾松纤维/HDPE复合材料的弯曲性能最差，弯曲强度和弯曲弹性模量仅为43.32 MPa和3.23 Gpa。随着杉木纤维含量的增加，复合材料的弯曲性能逐渐增强，杉木纤维/HDPE复合材料的弯曲强度和弯曲弹性模量最大，分别为63.88 MPa和3.97 GPa，与马尾松纤维/HDPE复合材料相比分别提高了47.46%和22.91%。

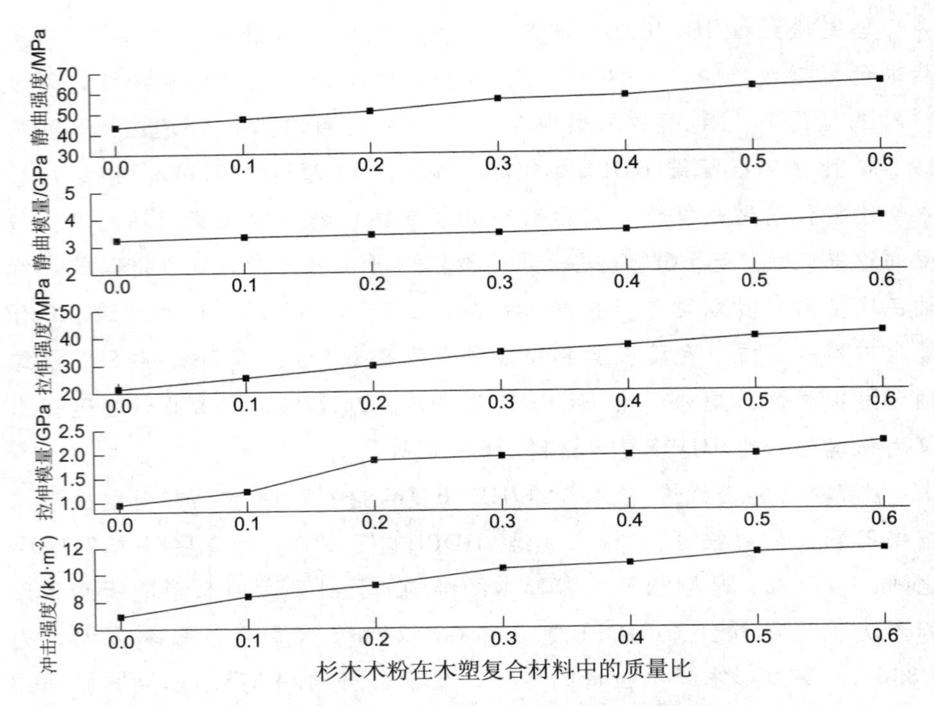

图 6-3　马尾松纤维/杉木纤维/HDPE 复合材料的力学性能

马尾松纤维/HDPE复合材料的拉伸性能最差，拉伸强度和拉伸弹性模量仅为21.43 MPa和0.95 Gpa。随着杉木纤维含量的增加，复合材料的拉伸性能显著增强，杉木纤维/HDPE复合材料的拉伸强度和拉伸弹性模量最大，分别为41.24 MPa和2.20 GPa，比马尾松纤维/HDPE复合材料提高了92.44%和131.58%。

马尾松纤维/HDPE复合材料的冲击强度为6.94 $kJ\cdot m^{-2}$，随着杉木纤维含量的增加，复合材料的抗冲击性能明显增强，杉木纤维/HDPE复合材料的冲击强度最大，达到11.80 $kJ\cdot m^{-2}$，相对马尾松纤维/HDPE复合材料，提高了70.03%。

可见，杉木纤维/HDPE复合材料的力学性能较好，这主要是因为马尾松中的树脂在高温热熔下影响界面胶合性能，另外，杉木的总表面自由能和非极性表面自由能高于马尾松[8]，同样导致杉木纤维和HDPE基体的界面结合强度比马尾松纤维和HDPE基体的界面结合强度高，因此杉木纤维/HDPE复合材料的力学性能好。

6.4 结 论

(1) 马尾松纤维和杉木纤维的质量比对马尾松纤维/杉木纤维/HDPE复合材料的密度影响不大。

(2) 随着马尾松纤维和杉木纤维中杉木纤维含量的增加，马尾松纤维/杉木纤维/HDPE复合材料的表面明度值和黄蓝轴色度指数减小，吸水尺寸稳定性提高。

(3) 马尾松纤维和杉木纤维的质量比显著影响马尾松纤维/杉木纤维/HDPE复合材料的力学性能，尤其是拉伸性能，随着杉木纤维含量的增加，复合材料的力学性能值均逐渐增大，杉木纤维/HDPE复合材料的力学性能最好。

参考文献

[1] Maldas D, Kokta B V, Daneault C. Thermoplastic composites of polystyrene: effect of different wood species on mechanical properties[J]. Journal of Applied Polymer Science, 1989, 38(3): 413-439.

[2] Neagu R C, Gamstedt E K, Berthold F. Stiffness contribution of various wood fibers to composite materials[J]. Journal of Composite Materials, 2006, 40(8): 663-699.

[3] 胡晗，吴章康，王云，等. 3种木塑复合材料的耐老化性能比较[J]. 浙江农林大学学报，2014，31（1）：117-121.

[4] 中国国家标准化管理委员会. GB/T 17657-2013 人造板及饰面人造板理化性能试验方法[S]. 北京：中国标准出版社，2013.

[5] American Society of Testing Materials International. ASTM 790-03 Standard test methods for flexural properties of unreinforced and reinforced plastics and electrical insulating materials[S]. West Conshohocken: ASTM International, 2003.

[6] American Society of Testing Materials International. ASTM D 638-2010 Standard test method for tensile properties of plastics[S]. West Conshohocken: ASTM International, 2010.

[7] 中国国家标准化管理委员会. GB/T 1043.1-2008 塑料简支梁冲击性能测定 I: 非仪器化冲击试验[S]. 北京：中国标准出版社，2008.

[8] 王正. 木塑复合材料界面特性及其影响因子的研究[D]. 北京:中国林业科学研究院，2001.

7 马尾松纤维增强 HDPE 复合材料和杉木纤维增强 HDPE 复合材料的蠕变性能

7.1 引 言

木塑产品性能良好，是我国大力支持和提倡的科技项目。近10年来木塑产业的发展迅猛。木塑复合材料在作为结构材料使用时，要求其有足够的承载能力，主要包括三个方面：首先是要有足够的强度，这是对材料最基本的要求；其次，要求材料有一定的刚度，这是其作为结构材料的必要条件；最后，还对材料的稳定性有一定的要求。然而，木塑复合材料在使用中常常受到长期的持续恒定或者循环载荷的作用而提前失稳，导致承载能力下降甚至破坏。因此，提高木塑复合材料的抗蠕变性能是十分有必要的[1-5]。研究蠕变不仅可以揭示聚合物的黏弹性机理，还能预测木塑复合材料在使用中的稳定性和长期承载能力[6-11]。

抗蠕变性能差严重影响和制约了木塑复合材料的拓展应用[12-17]。本章以马尾松纤维/HDPE复合材料和杉木纤维/HDPE复合材料为研究对象，重点分析马尾松纤维/HDPE复合材料和杉木纤维/HDPE复合材料抗蠕变性能。

7.2 实验部分

7.2.1 主要原料及试剂

增强材料为马尾松纤维和杉木纤维，20～80目，当地木材加工剩余废料。

基体材料为HDPE，型号5 000 s，密度0.949～0.953 g/L，熔体流动指数0.8～1.1 g/10 min，购于中国石油大庆石化公司。

偶联剂为MAPE，型号CMG9804，接枝率0.9%，熔融指数0.7～1.0 g/10 min，购于上海日之升新技术发展有限公司；

润滑剂为PE蜡和硬脂酸，购于中国石油大庆炼化分公司。

7.2.2 主要仪器及设备

本章所用的主要仪器及设备见表7-1。

表7-1 主要仪器及设备

名称	型号	生产厂家
电热恒温干燥箱	DHG-9140	上海益恒实验仪器有限公司
体视显微镜	XTL-350Z	上海长方光学仪器有限公司
电子天平	LD31001	沈阳龙腾电子称量仪器有限公司
高速混合机	SHR-10A	张家港市通河橡塑机械有限公司
双螺杆挤出机	SJSH30	南京橡塑机械厂
单螺杆挤出机		南京橡塑机械厂
锤式粉碎机	9FQ-300	丹东市正火机械制造厂
自制蠕变测试仪器	如图7-1所示	自制

7.2.3 马尾松纤维/HDPE复合材料和杉木纤维/HDPE复合材料的制备

第一步是混炼造粒，利用粉碎机分别将杉木和马尾松的剩余加工废料充分粉碎，经过电动筛筛选出20～80目的杉木和马尾松木粉，在105 °C的电热恒温干燥箱中干燥至含水率为2%左右，将木粉、HDPE、MAPE按照60∶36∶4的质量比称量好，并添加MAPE质量的25%PE蜡和硬脂酸，将原料放入高速混合机中混合大约25 min[18,19]。将高温混合的物料连续而稳定地倒入双螺杆喂料斗，双螺杆喂料速度为5 r/min，转速为40 r/min，物料经过双螺杆的剪切、分散和挤压的作用，塑化成木塑粒料，将得到的木塑粒料冷却并通过锤式粉碎机粉碎。

第二步是挤出成型，将粉碎的木塑粒料倒入单螺杆挤出机的喂料筒中，单螺杆转速为15 r/min，粒料经过进一步均化、挤出机机头高温加热和模具成型，再经过冷却定型，得到宽40 mm、厚4 mm的条形杉木/HDPE复合材料和马尾松/HDPE复合材料。

这种将双螺杆挤出和单螺杆挤出相结合的制备方法的优势在于：既获得了双螺杆挤出机较高的混合效率，又充分利用了单螺杆挤出机熔体压力平稳利于成型的特点。

7.2.4 马尾松纤维/HDPE复合材料和杉木纤维/HDPE复合材料的蠕变性能测试

蠕变实验用到的主要仪器是自制弯曲蠕变仪（图7-1）。实验的方法参照ASTM D2990-09[20]《Standard Test Methods for Tensile, Compressive, and Flexural Creep and Creep-Rupture of Plastics》。在湿度为55%～65%的室温条件下，在试件的中心位置加载大小为50 N、方向竖直向下的力(采用三点弯曲加载的方式，跨距为64 mm)。利用最小刻度为0.01 mm、量程为50 mm的千分表测得试样的几何中心在不同时刻沿力的方向上的弯曲挠度作为材料的形变。试样尺寸为长100 mm，宽40 mm，厚4 mm。载荷作用24 h后，卸下载荷，让试件自由回复24 h，观察并记录千分表的读数。读数时间为加载前，加载后1 s、5 s、10 s、20 s、30 s、40 s、50 s、1 min、2 min、4 min、6 min、8 min、10 min、12 min、30 min、40 min、50 min、1 h、2 h、4 h、5 h、20 h和24 h，以及卸载后的1 s、5 s、10 s、20 s、30 s、40 s、50 s、1 min、2 min、4 min、6 min、8 min、10 min、12 min、30 min、40 min、50 min、1 h、2 h、4 h、5 h、20 h和24 h。每种试件重复试验3次。t时刻对应的读数与加载前千分表的读数差即为材料在t时刻的形变D_t。

根据ASTM D2990-09[20]《Standard Test Methods for Tensile, Compressive, and Flexural Creep and Creep-Rupture of Plastics》，应变ε与形变D之间的转换公式如下：

$$\varepsilon = 6Dd / L^2 \tag{7-1}$$

其中ε为应变(mm/mm)，D为形变(mm)，L是跨距(mm)，d是试件的厚度(mm)。换算时代入试件的实际测量尺寸。

图 7-1　自制蠕变测试仪器

7.3　结果与讨论

图 7-2 为马尾松纤维/HDPE 复合材料和杉木纤维/HDPE 复合材料的应变-时间曲线，在 50 N 弯曲载荷的作用下，马尾松纤维/HDPE 复合材料的 24 h 应变明显小于杉木纤维/HDPE 复合材料，可见马尾松纤维/HDPE 的抗蠕变性能更好一些，但是回复性能较杉木纤维/HDPE 复合材料稍差。

在加载的瞬间马尾松纤维/HDPE 复合材料和杉木纤维/HDPE 复合材料的应变分别为 0.001 06 mm/mm 和 0.001 47 mm/mm；加载 3 min 后两者应变分别为 0.001 12 mm/mm 和 0.001 83 mm/mm，前者仅为后者的 61.10%；加载 1 h 后两者的应变分别为 0.00145 mm/mm 和 0.002 17 mm/mm，前者仅为后者的 66.88%；加载 11 h 后应变分别为 0.001 92 mm/mm 和 0.002 58 mm/mm，前者仅为后者的 74.45%；当加载到 24 h，马尾松纤维/HDPE 复合材料和杉木纤维/HDPE 复合材料的应变分别为 0.002 12 mm/mm 和 0.002 74 mm/mm，前者仅为后者的 77.29 %。

卸载后的瞬间马尾松纤维/HDPE 复合材料和杉木纤维/HDPE 复合材料的回复率分别为 35.38%和 44.11%；卸载后 3 min，两者的回复率分别为 39.15%和 54.17 %；卸载后 1 h，两者的回复率分别为 52.83 %和

66.17%；卸载后 11 h，回复率分别为 66.04 %和 75.36 %；卸载后 24 h，马尾松纤维/HDPE 复合材料的未回复应变仅为 28.77 %，而杉木纤维/HDPE 复合材料的剩余应变仅为 21.22%。

马尾松纤维/HDPE 复合材料在 50 N 的载荷下 24 h 应变仅为杉木纤维/HDPE 复合材料的 77.29%，但卸载后 24 h 的剩余应变却稍大，马尾松纤维/HDPE 复合材料的回复率比杉木纤维/HDPE 复合材料降低了 9.59%。

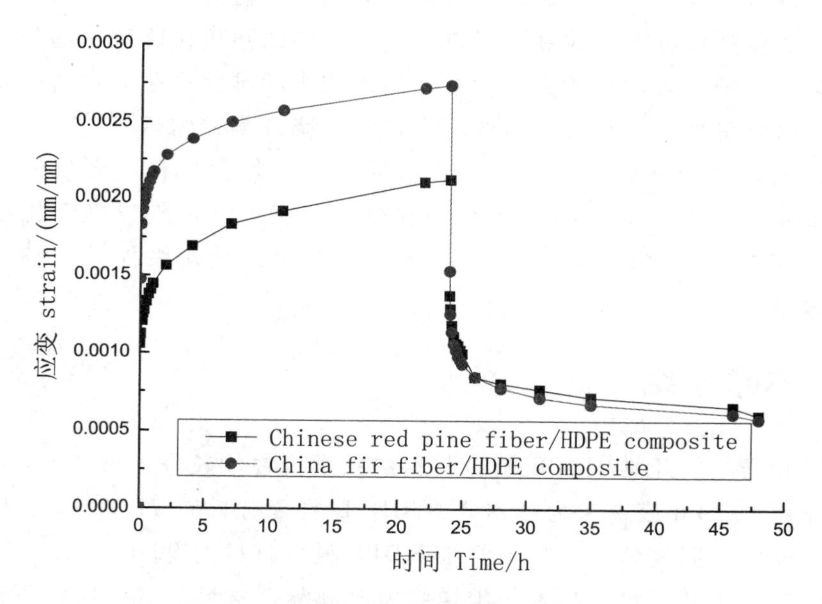

图 7-2 马尾松纤维/HDPE 复合材料与杉木纤维/HDPE 复合材料的应变-时间曲线

7.4 展 望

利用贵州省的乔木林优势资源——马尾松和杉木的纤维增强 HDPE 制备复合材料，对有效回收利用本省的特色树种资源的加工废料、合理循环处理废旧塑料和提高本省的废旧资源的利用效率具有重要意义。研究发现，两种复合材料的尺寸稳定性均明显优于北方常用树种杨木纤维/HDPE 复合材料的，杉木纤维/HDPE 复合材料更适合在户外潮湿环境使用，马尾松纤维/HDPE 复合材料更适合应用于受静载作用的构件。

另外，木塑复合材料常用作建筑材料和户外栈道、凉亭、座椅、包装制品等，会长期暴露于自然环境中，它的应用范围和使用寿命都和使用环境有密切联系[21-23]，尤其在贵州这样气候特别的省份，贵州位于中国西南的东南部，地理坐标介于东经 103°36′～109°35′、北纬 24°37′～29°13′之间，属亚热带高原季风湿润气候。贵州省温和宜人的气候给木塑复合材料的户外使用提供了有利的条件，但多雨湿润的天气不利于延长木塑复合材料的使用寿命，而且紫外光的强大能量可以破坏木塑复合材料中的自然纤维和合成高分子链，引发塑料的热氧化降解从而使其变脆，影响木塑复合材料的力学性能，同时使木纤维因产生大量自由基而降解，这都导致木塑复合材料的力学性能下降、寿命缩短[24-29]。

因此，对于马尾松、杉木纤维增强聚合物复合材料的老化性能研究更加重要，今后研究中可围绕两种材料的室内、户外自然老化性能和实验室加速老化性能展开，以便对该种材料的使用性能做出综合全面的评价。

7.5 本章小结

（1）马尾松纤维/HDPE 复合材料的抗蠕变性能较好，在 50 N 弯曲载荷作用下 24 h 应变仅为杉木纤维/HDPE 复合材料的 77.29%，但回复性能却较低，回复率仅为杉木纤维/HDPE 复合材料的 90.41%。

（2）对于马尾松、杉木纤维增强聚合物复合材料的老化性能研究更加重要，今后研究中可围绕两种材料的室内、户外自然老化性能和实验室加速老化性能展开,以便对该种材料的使用性能做出综合全面的评价。

参考文献

[1] Park B D, Balatinez J J. Short term flexural creep behavior of wood-fiber/polypropylene composites[J]. polymer composites, 1998, 19(4): 377-382.

[2] Xu Bin, Simonsen J, RochefortW E. Creep resistance of wood-filled

polystyrene/high-densitypolyethylene blends[J]. JournalofApplied Polymer Science,2001,79:418-425.

[3] Sain, M.M., Balatinecz, J., Law, S..Creep fatigue in engineered wood fiber and plastic compositions[J]. Journal of Applied Polymer Science, 2000, 77(2): 260-268.

[4] Abdollah Najafi,Saeed kazemi najafi.effect of load levels and plastic type on creep behavior of wood Sawdust/HDPE Composites[J]. Journal of Reinforced Plastics and Composites, 2009, 28:2645-2653.

[5] Bledzki K. Andrzej, Faruk Omar..Creep and impact properties of wood fibre–polypropylene composites: influence of temperature and moisture content Composites[J]. Science and Technology, 2004, 64: 693-700.

[6] Pulngern T, Padyenchean C, Rosarpitak V, etal. Flexural and creep strengthening for wood /PVC composite members using flat bar strips[J].Mater Des, 2011, 32(6): 3137-3146.

[7] Lee S Y, Yang H S, Kim H J, Jeong C S, Lim B S and Lee J N. Creep Behavior and Manufacturing Parameters of Wood Flour Filled Polypropylene Composites[J]. Composite Structures, 2004, 65(3-4): 459-469.

[8] Laws N, McLaughlin J R. Self-consistent estimates for the viscoelastic creep compliances[J]. Proceedings of the Royal Society. 1978, 39: 251-273.

[9] Pierce C B, Dinwoodie J M, Paxton B H. Creep in chipboard. Part 2: The use of fitted response curves for comparative and predictive purposes[J]. Wood Science and Technology, 1979, 13: 265-282.

[10] Dinwoodie J M, Robson D J, Paxton B H, Higgins J S. Creep in chipboard. Part 8: The effect of steady-state moisture content, temperature and level of stressing on the relative creep behaviour and

creep modulus of a range of boareds[J]. Wood Science and Technology, 1991, 25: 225-238.

[11] Dinwoodie J M, Pierce C B, Paxton B H. C r e e p i n chipboard. Part 4: The influence of temperature and moisture content on the creep behaviour of a range of boards at a single stress level[J]. Wood Science and Technology, 1984, 18: 205-224.

[12] Nuñez J A, Marcovich E N.Analysis of the Creep Behavior of Polypropylene-Woodflour Composites[J]. Polymer Engineering and Science, 2004, 44(8): 1594-1603.

[13] Acha A, Reboredo M M, Marcovich E N.Creep and dynamic mechanical behavior of PP–jute composites: Effect of the interfacial adhesion[J]. Composites: Part A, 2007, 38: 1507-1516.

[14] 王克俭，赵永生，朱复华．蒙脱土填充木塑复合材料的弯曲性能和蠕变特性[J]．高分子材料科学与工程，2007，23（6）：109-112，116.

[15] Govindarajan S, Langrana N A, Weng G J. The influence of imperfections on the creep behavior of woven polymer composites at elevated temperatures[J]. Finite Elem Anal Des, 1996, 23: 333-347.

[16] Betiana A A, Marı'a M R, Norma E M. Creep and dynamic mechanical behavior of PP–jute composites: Effect of the interfacial adhesion[J]. Composites: Part A 2007, 38: 1507-1516.

[17] Nun ˜ez A J, Marcovich N E, Aranguren M I. Short-term and long-term creep of polypropylene–wood flour composites[J]. Polym Eng Sci,2004,44(8): 1594-1603.

[18] Migneault S, Koubaa A, Erchiqui F, et al. Effect of fiber length on processing and properties of extruded wood-fiber/HDPE composites[J]. Journal of Applied Polymer Science, 2008, 110(2): 1085-1092.

[19] Migneault S, Koubaa A, Erchiqui F, et al. Effect of processing method and fiber size on the structure and properties of wood–plastic

composites[J]. Composites: Part A, 2009, 40: 80-85.

[20] American Society of Testing Materials International. Standard Test Methods for Tensile, Compressive, and Flexural Creep and Creep-Rupture of Plastics ASTM D2990-09[S]. West Conshohocken: ASTM International, 2009.

[21] Stark N M, Rowlands R E. Effects of wood fiber characteristics on mechanical properties of wood/polypropylene composites[J]. Wood and Fiber Science, 2003, 35(2): 167-174.

[22] 王正. 木塑复合材料界面特性及其影响因子的研究[D]. 北京：中国林业科学研究院，2001.

[23] 曹岩. 纤维尺寸及分布对 WPCs 力学性能的影响[D]. 哈尔滨：东北林业大学，2013.

[24] 王伟宏，张晨夕. 自然老化对木粉/HDPE 复合材性能的影响及添加剂的应用[J]. 林业科学，2012，48（4）：102-120.

[25] Tamrakar S, Lopez A R A, Kiziltas A, et al. Time and temperature dependent response of a wood-polypropylene composite[J]. Composites: Part A, 2011, 42(7): 834–842.

[26] Tasciouglu C, Yoshimura T, Tsunoda K. Biological performance of wood-plastic composites containing Zinc borate: Laboratory and 3-year field test results[J]. Composites: Part B, 2013, 51: 185-190.

[27] 李慧媛，周定国，吴清林. 硼酸锌/紫外光稳定剂复配对高密度聚乙烯基木塑复合材料光耐久性的影响[J]. 浙江农林大学学报，2015，32（6）：914-918.

[28] 潘祖仁. 高分子化学[M]. 北京:化学工业出版社，2005.

[29] 徐朝阳，朱方政，李大纲，等. 光和水对 HDPE/稻壳复合材料颜色的影响[J]. 中国人造板，2010，12（4）：12-15.

8 马尾松纤维增强 HDPE 复合材料和杉木纤维增强 HDPE 复合材料的老化性能

8.1 引　言

贵州省位于中国季风区，纬度偏低，受夏季风影响强烈，所以大部分地区气候温暖湿润，另外受到山地自然条件和森林植被茂密等因素的影响，形成了冬季无严寒、夏季无酷暑的宜人气候。贵州省属于亚热带湿润季风气候类型，气候特点主要表现在以下四个方面[1-4]：

（1）全省大部分地区气候温和宜人，境内包括省之中部、北部和西南部在内的占全省大部分地区，年平均气温在 14～16 °C 之间，而其余少数地区为 10～19 °C。

（2）常年雨量充沛，降雨日数较多，相对湿度较大，全省各地多年平均年降水量大部分地区在 1100～1300 mm 之间，最多值接近 1600 mm，最少值约为 850 mm。

（3）光照条件较差，阴天多，日照少。全省大部分地区年日照时数在 1200～1600 h 之间，年日照时数比同纬度的我国东部地区少三分之一以上，是全国日照最少的地区之一。全省大部分地区的年相对湿度高达 82%，且不同季节之间的变幅较小。

（4）本省地处低纬山区，地势高低悬殊，气候特点在垂直方向差异较大，立体气候明显。

贵州省温和宜人的气候给木塑复合材料的户外应用提供了有利的条件，但是多雨湿润的天气不利于延长木塑复合材料的使用寿命[5]。本章选取贵州省优势木种[6,7] 杉木和马尾松木粉增强 HDPE，制备杉木纤维/HDPE 复合材料和马尾松纤维/HDPE 复合材料，研究户外自然老化和室内自然老化对两种复合材料的表面明度、颜色和密度等物理性能和弯曲、拉伸和冲击等力学性能的影响，为延长贵州省优势木种增强聚合物复合材料的使用寿命、提高该种产品在贵州省的使用安全性、拓宽其应用范围提供一定的理论参考依据。

8.2 实验部分

8.2.1 主要原料及试剂

增强材料为贵州省贵阳市木材加工厂的杉木和马尾松剩余加工废料。

基体材料为 HDPE，型号是 5000 s，密度是 0.949～0.953 g/L，熔体指数是 0.8～1.1 g/10 min。

偶联剂为马来酸酐接枝聚乙烯（Maleic Anhydride grafted Polyethylene，简称 MAPE）。

润滑剂为 PE 蜡和硬脂酸。

8.2.2 主要仪器及设备

本章所用的主要仪器及设备见表 8-1。

表 8-1 主要仪器及设备

名称	型号	生产厂家
电热恒温干燥箱	DHG-9140	上海益恒实验仪器有限公司
体视显微镜	XTL-350Z	上海长方光学仪器有限公司
电子天平	LD31001	沈阳龙腾电子称量仪器有限公司
高速混合机	SHR-10A	张家港市通河橡塑机械有限公司
双螺杆挤出机	SJSH30	南京橡塑机械厂
单螺杆挤出机		南京橡塑机械厂
锤式粉碎机	9FQ-300	丹东市正火机械制造厂
分光测色计	CM-700D	日本柯尼卡美能达公司
电子万能力学试验机	RGT-20A	深圳瑞格尔仪器有限公司
组合式冲击机	XJ-50 G	河北承德力学实验机有限公司

8.2.3 马尾松纤维/HDPE 复合材料和杉木纤维/HDPE 复合材料的制备

利用粉碎机分别将杉木和马尾松的剩余加工废料充分粉碎，经过电动筛筛选出 20～80 目的杉木和马尾松木粉，在 105 °C 的电热恒温干燥箱中干燥至含水率为 2%左右，将木粉、HDPE、MAPE 按照 60∶36∶4 的质量比称量好，并添加 MAPE 质量的 25%PE 蜡和硬脂酸，将原料放入高速混合机中混合大约 25 min[8,9]。采用混炼造粒和挤出成型两步法，在工艺参数完全相同的条件下制备宽为 40 mm、厚为 4 mm 的条形杉木纤维/HDPE 复合材料和马尾松纤维/HDPE 复合材料。

8.2.4 马尾松纤维/HDPE 复合材料和杉木纤维/HDPE 复合材料的室内老化处理

将杉木纤维/HDPE复合材料和马尾松纤维/HDPE复合材料的试样分组放在实训楼的材料物理实验室（如图 8-1 所示）接受室内自然老化，并定时记录实验室的温湿度情况。

图 8-1 马尾松纤维/ HDPE 复合材料和杉木纤维/HDPE 复合材料的室内自然老化处理

8.2.5　马尾松纤维/HDPE 复合材料和杉木纤维/HDPE 复合材料的户外老化处理

将杉木纤维/HDPE复合材料和马尾松纤维/HDPE复合材料的试样分组放在贵州省贵阳市花溪区贵州民族大学的 15 栋教学楼楼顶（如图 8-2 所示）接受户外自然老化，并定时记录当地天气情况。

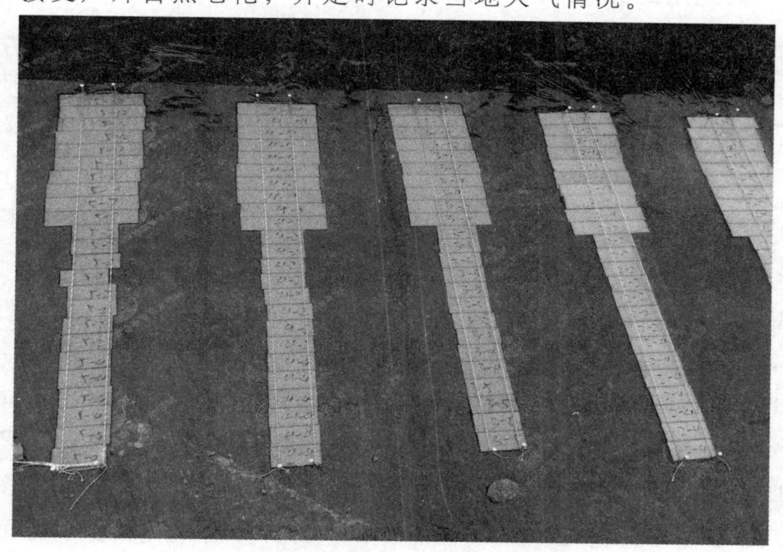

图 8-2　马尾松纤维/ HDPE 复合材料和
杉木纤维/HDPE 复合材料的户外自然老化处理

8.2.6　马尾松纤维/HDPE 复合材料和杉木纤维/HDPE 复合材料性能测试

8.2.6.1　马尾松纤维/HDPE 复合材料和杉木纤维/HDPE 复合材料的表面明度和颜色测试

在户外、室内老化时长 3 个月和 6 个月时，分批取出老化试件，用柯尼卡美能达手持式色度仪测试复合材料的表面明度值 L^*、红绿轴色度指数 a^*和黄蓝轴色度指数 b^*。每种试样取 5 个点，并分别计算测试每组数据的算数平均值。试件表面颜色变化表示如下[10-12]：

$$\Delta E^* = (\Delta L^{*2} + \Delta a^{*2} + \Delta b^{*2})^{1/2} \tag{1}$$

其中 ΔE^* 为总色差（NBS），ΔL^* 为老化前后的明度差，正值表示变白，负值表示变黑，Δa^* 为老化前后的红绿轴色度指数差，正值表示变红，负值表示变绿，Δb^* 为老化前后的黄蓝轴色度指数差，正值表示变黄，负值表示变蓝。

8.2.6.2 马尾松纤维/HDPE 复合材料和杉木纤维/HDPE 复合材料的密度测试

在户外、室内老化时长 3 个月和 6 个月时，分批取出老化试件，根据 GB/T 17657—2013[13]《人造板及饰面人造板理化性能试验方法》测试复合材料的密度。每组试件重复测试 5 次。

8.2.6.3 马尾松纤维/ HDPE 复合材料和杉木纤维/HDPE 复合材料的弯曲性能测试

在户外、室内老化时长 3 个月和 6 个月时，分批取出老化试件，复合材料的弯曲强度和弯曲弹性模量按照标准 ASTM D 790—03[14]《Standard test methods for flexural properties of unreinforced and reinforced plastics and electrical insulating materials》进行测试，测试仪器为电子万能力学试验机，跨距为 64 mm，弯曲速度为 1.9 mm/min。弯曲试件长 80 mm，宽 13 mm，厚 4 mm。制备好的试件根据实际的尺寸进行测量，每组试件重复实验 5 次。

8.2.6.4 马尾松纤维/HDPE 复合材料和杉木纤维/HDPE 复合材料的拉伸性能测试

在户外、室内老化时长 3 个月和 6 个月时，分批取出老化试件，复合材料的拉伸强度和拉伸弹性模量按照标准 ASTM D 638—2010[15]《Standard test method for tensile properties of plastics》进行测试，测试仪器为电子万能力学试验机，跨距为 50 mm，拉伸速度为 5 mm/min。拉伸试件为哑铃状，长 165 mm、宽 20 mm（最细部分宽为 12.7 mm）、厚 4 mm。制备好的试件根据实际的尺寸进行测量，每组试件重复实验 5 次。

8.2.6.5 马尾松纤维/HDPE 复合材料和杉木纤维/HDPE 复合材料的冲击性能测试

在户外、室内老化时长 3 个月和 6 个月时，分批取出老化试件，根据国家塑料冲击试验标准 GB/T 1043.1—2008 [16]《塑料简支梁冲击性能测定 I：非仪器化冲击试验》对复合材料进行简支梁摆锤冲击试验，测试仪器为组合式冲击实验机，跨距为 60 mm，冲击速度为 2.9 m/s，摆锤能量为 2J。冲击试件长和宽分别为 80 mm 和 10 mm，厚 4 mm，无缺口。制备好的试件根据实际的尺寸进行测量，每组试件重复实验 5 次[17]。

8.3 结果与讨论

8.3.1 马尾松纤维/ HDPE 复合材料和杉木纤维/HDPE 复合材料的物理、力学性能

杉木纤维/HDPE 复合材料和马尾松纤维/HDPE 复合材料的物理性能和力学性能测试结果分别见表 8-3 和表 8-4。马尾松纤维/HDPE 复合材料的表面明度值和黄蓝轴色度指数较大，而红绿轴色度指数较小。可见，马尾松纤维/HDPE 复合材料相对偏向绿黄色，而杉木纤维/HDPE 复合材料则偏向红蓝色。两种复合材料的密度值相近。杉木纤维/HDPE 复合材料的力学性能，尤其是拉伸力学性能，明显优于马尾松纤维/HDPE 复合材料，相比之下，弯曲强度、弯曲弹性模量和冲击强度分别提高了 47.46%、22.91%和 70.03%，而拉伸强度和拉伸弹性模量分别提高了 92.44%和 131.58%。这是因为杉木的总表面自由能和非极性表面自由能高于马尾松[18]，导致杉木纤维和 HDPE 基体的界面结合强度高，力学性能明显增强。

表 8-3 马尾松纤维/ HDPE 复合材料和杉木纤维/HDPE 复合材料的物理性能

复合材料	表面明度	红绿轴色度指数	黄蓝轴色度指数	密度/(kg·m^{-3})
杉木纤维/HDPE 复合材料	39.97	7.28	10.58	1165
马尾松纤维/HDPE 复合材料	56.74	5.77	16.44	1181

表 8-4 马尾松纤维/ HDPE 复合材料和杉木纤维/HDPE 复合材料的力学性能

复合材料	弯曲强度 /MPa	弯曲弹性模量/GPa	拉伸强度 /MPa	拉伸弹性模量/GPa	冲击强度 /(kJ·m^{-2})
杉木纤维/HDPE 复合材料	63.88	3.97	41.24	2.20	11.80
马尾松纤维 /HDPE 复合材料	43.32	3.23	21.43	0.95	6.94

8.3.2 马尾松纤维/ HDPE 复合材料和杉木纤维/HDPE 复合材料的室内老化性能

6 个月的室内自然老化过程中，一共监测并记录室内温湿度 276 次，前 3 个月记录 138 次，平均温度 12.14 °C，平均湿度为 68.62%，后 3 个月记录 138 次，平均温湿度为 15.21 °C、63.58%。对比发现，后 3 个月的平均温度偏高，湿度偏低。

3 个月的室内老化使杉木纤维/HDPE 复合材料和马尾松纤维/HDPE 复合材料的密度分别增加了 0.42%和 0.26%；继续老化 3 个月，两种复合材料的密度继续增加，只是增加幅度略有减小，分别增加了 0.25%和 0.17%，该种现象可能是室内温湿度差异导致的。相比之下，马尾松纤维/HDPE 复合材料的密度变化较小，实际二者吸水量相差不大，造成密度差异的主要原因在于马尾松纤维/HDPE 复合材料的吸水厚度膨胀率较大，因此密度增长率较小。

室内自然老化前、后，两种复合材料的表面明度和颜色的测试结果见图 8-3。室内老化使复合材料的表面明度变暗，颜色向红色和黄色方向移动，原因在于复合材料中的 HDPE 光氧降解缓慢，而木质素产生了对苯醌生色基团，导致材色变暗[10]。相比之下，马尾松纤维/HDPE 复合材料变暗得稍明显，而杉木纤维/HDPE 复合材料变红黄的幅度更大。室内老化前 3 个月使马尾松纤维/HDPE 复合材料产生 1.35 的色差，接下来的 3 个月产生 1.36 的色差，而杉木纤维/HDPE 复合材料先后产生 0.88 和 0.36 的色差，可见，杉木纤维/HDPE 复合材料的材色变化相对缓慢，这可能是因为杉木中的半纤维素与木质素对光没有马尾松敏感，不容易光氧降解。

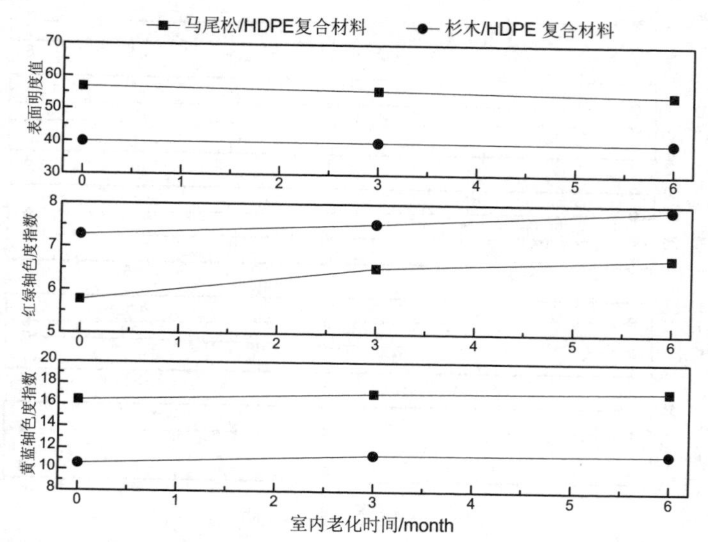

图 8-3 马尾松纤维/ HDPE 复合材料和杉木纤维/HDPE 复合材料室内自然老化前、后的物理性能

图 8-4 为室内自然老化前、后两种复合材料的力学性能的测试结果。随着室内老化时间的增加，复合材料的力学性能呈下降趋势，这主要是 HDPE 分子断裂和光氧化降解造成的。经过 3 个月的室内自然老化，杉木纤维/HDPE 复合材料的弯曲强度、弯曲弹性模量、拉伸强度、拉伸弹性模量和冲击强度分别降低了 2.11%、0.25%、1.39%、8.65%和 1.99%；马尾松纤维/HDPE 复合材料的弯曲强度、弯曲弹性模量、拉伸强度和冲击强度分别降低了 3.09%、0.31%、3.90%和 2.80%，而拉伸弹性模量增加了 19.95%。3 个月后，老化速度减慢。室内老化 6 个月，杉木纤维/HDPE 复合材料的弯曲强度、弯曲弹性模量、拉伸强度、拉伸弹性模量和冲击强度的保留率分别为 95.48%、98.44%、92.61%、87.56%和 96.48%；马尾松纤维/HDPE 复合材料的弯曲强度、弯曲弹性模量、拉伸强度和冲击强度的保留率分别为 93.08%、99.41%、94.33%和 94.16%，而拉伸弹性模量继续增加 16.97%。导致老化过程中弹性模量增加的主要原因，是 HDPE 在光的作用下生成短链并且发生交联反应，提高了 HDPE 的刚度[19]。

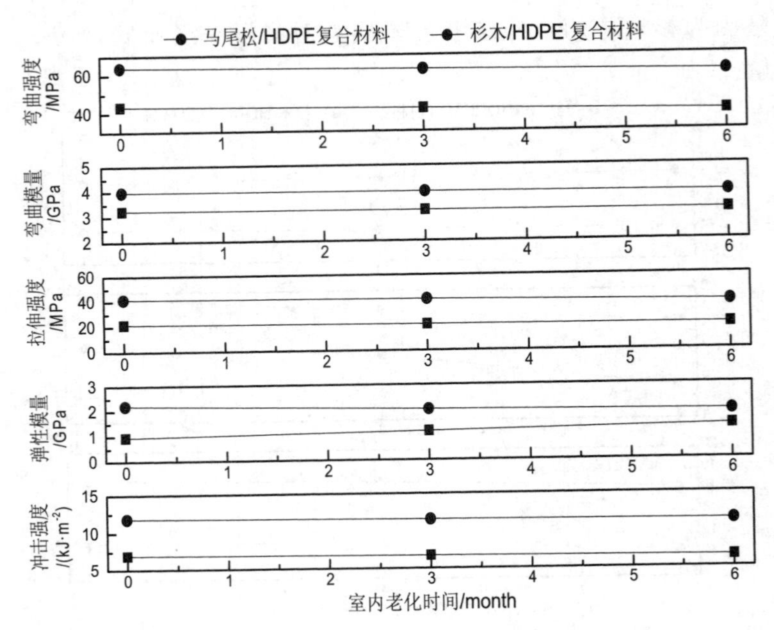

图 8-4 马尾松纤维/HDPE 复合材料和杉木纤维/HDPE 复合材料室内自然老化前、后的力学性能

对比发现，杉木纤维/HDPE 复合材料的力学性能受老化影响较小，可见，杉木纤维/HDPE 复合材料的耐老化性能优于马尾松纤维/HDPE 复合材料。这主要是因为，马尾松纤维/HDPE 复合材料的吸水厚度膨胀率高，导致材料内部变松散，因此力学性能下降的幅度稍大。另一方面，相比之下，复合材料的拉伸性能受老化影响较为显著。

8.3.3 马尾松纤维/HDPE 复合材料和杉木纤维/HDPE 复合材料的户外老化性能

6 个月的户外自然老化过程中，一共监测并记录天气 440 次，前 3 个月记录 190 次，多云 50 次，阴 82 次，小雨 48 次，阵雨 8 次，晴天只有 2 次，平均温度 9.35 °C，平均湿度为 84.88%；后 3 个月记录 250 次，多云 82 次，阴 95 次，小雨 33 次，阵雨 24 次，雷阵雨 7 次，大雨 2 次，晴天 7 次，平均温度 9.90 °C，平均湿度为 80.24%。对比发现后 3 个月的平均温度偏高，湿度偏低。相比室内，户外的温度偏低、湿度偏高。

户外老化过程中复合材料的密度变化规律和室内老化一致，3 个月的户外老化使杉木纤维/HDPE 复合材料和马尾松纤维/HDPE 复合材料的密度分别增加了 0.85%和 0.52%；继续老化 3 个月，两种复合材料的密度继续增加 0.35%和 0.34%，增加的速率有所减小。

户外自然老化前、后两种复合材料的表面明度和颜色的测试结果见图 8-5。户外老化使复合材料的表面明度变白，颜色向红色和黄色方向移动。主要原因在于复合材料在户外的光照下，HDPE 的链断与交联作用生成羰基反应产物和发色团，木粉中的纤维素、半纤维素、木质素和抽提物等加剧了光氧降解，促进了对苯醌生色基团转化成对苯二酚，而对苯二酚具有褪色作用[10]。

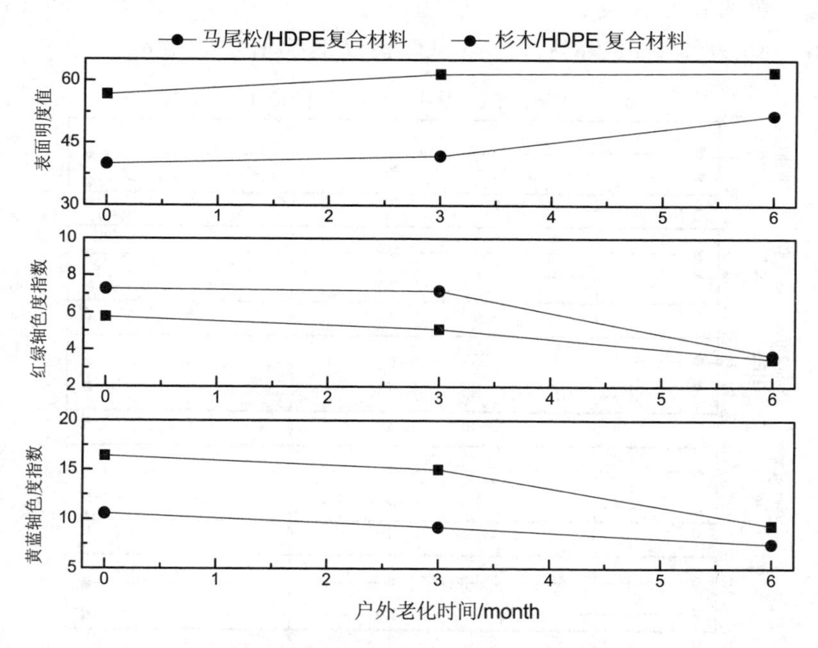

图 8-5 马尾松纤维/ HDPE 复合材料和杉木纤维/HDPE 复合材料户外自然老化前、后的物理性能

相比之下，马尾松纤维/HDPE 复合材料褪色更加明显，户外老化前 3 个月使其产生 5.10 的色差，接下来的 3 个月产生 5.93 的色差，而杉木纤维/HDPE 复合材料先后产生 2.34 和 2.60 的色差，杉木纤维/HDPE 复合材料的材色变化相对缓慢。

图 8-6 为两种复合材料户外自然老化前、后力学性能的测试结果。经过 3 个月的户外自然老化，杉木纤维/HDPE 复合材料的弯曲强度、弯曲弹性模量、拉伸强度、拉伸弹性模量和冲击强度分别降低了 3.99%、0.76%、5.75%、1.37%和 2.40%；马尾松纤维/HDPE 复合材料的弯曲强度、弯曲弹性模量、拉伸强度和冲击强度分别降低了 5.46%、12.87%、7.42%和 7.47%，而拉伸弹性模量增加了 15.28%。3 个月后，老化速度减慢。户外老化 6 个月，杉木纤维/HDPE 复合材料的弯曲强度、弯曲弹性模量、拉伸强度、拉伸弹性模量和冲击强度的保留率分别为 93.53%、96.72%、89.14%、94.42%和 96.04%；马尾松纤维/HDPE 复合材料的弯曲强度、弯曲弹性模量、拉伸强度和冲击强度的保留率分别为 87.18%、79.59%、86.98%和 88.98%，拉伸弹性模量继续增加 13.28%。

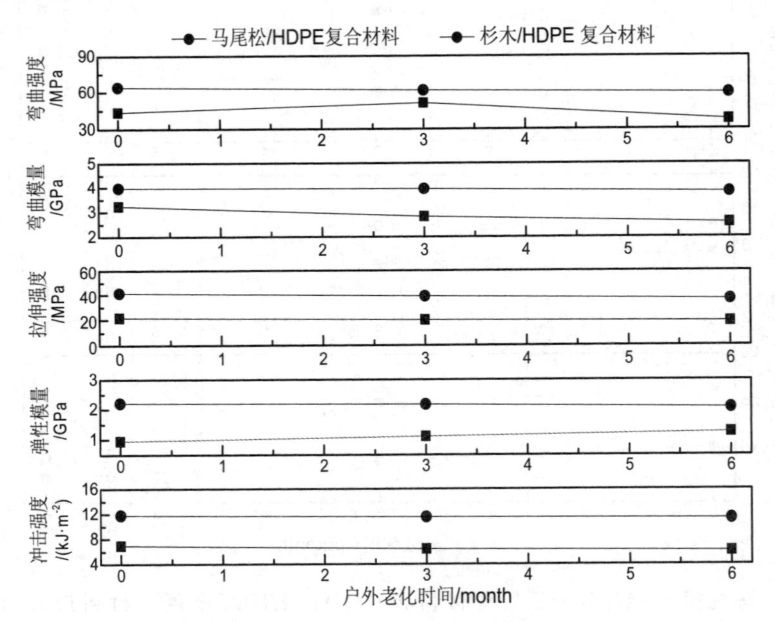

图 8-6　马尾松纤维/ HDPE 复合材料和杉木纤维/HDPE 复合材料户外自然老化前、后的力学性能

同样发现，杉木纤维/HDPE 复合材料的耐老化性能优于马尾松纤维/HDPE 复合材料，并且复合材料的拉伸性能受老化影响较为显著。

对比室内自然老化，户外环境加快了木塑复合材料的老化降解速率。

8.4 本章小结

为了有效利用贵州省主要森林采伐和加工树种的木材加工剩余废料和废旧塑料，采用挤出成型法分别制备了杉木纤维和马尾松纤维增强 HDPE 复合材料，经过 6 个月的室内和户外的自然老化，对比老化前后复合材料的表面明度、颜色、密度、弯曲、拉伸、冲击等物理和力学性能，得到以下结论：

（1）马尾松纤维/HDPE 复合材料的表面明度值较大，偏向绿黄色，而杉木纤维/HDPE 复合材料则偏向红蓝色，两种复合材料的密度相近。杉木纤维/HDPE 复合材料的力学性能，尤其是拉伸力学性能明显优于马尾松纤维/HDPE 复合材料。

（2）6 个月的室内自然老化使杉木纤维/HDPE 复合材料和马尾松纤维/HDPE 复合材料的密度增加，随着温度升高和湿度的降低，密度增加速率减小，马尾松纤维/HDPE 复合材料的密度变化较小。室内老化使复合材料的表面明度变暗，颜色向变色和黄色方向移动，杉木纤维/HDPE 复合材料的材色变化相对缓慢。

（3）复合材料的拉伸性能受自然老化影响较为显著。对比室内自然老化，户外环境加快了木塑复合材料的老化降解速率。使复合材料的表面明度变白，颜色向红色和黄色方向移动。马尾松纤维/HDPE 复合材料褪色更加明显。

（4）无论是室内老化还是户外老化，杉木纤维/HDPE 复合材料的耐老化性能均优于马尾松纤维/HDPE 复合材料。

参考文献

[1] 陈静，白慧，潘徐燕. 贵州省霜冻天气的时空分布与气候变化特征[J]. 贵州气象，2016，40(3)：66-69.

[2] 池再香，李贵琼，白慧，等. 干季贵州省东西部区域干湿状况差异分析[J]. 中国农业气象，2016，37 (3)：361-367.

[3] 慎东方，商崇菊，方小宇，等. 贵州省干旱历时和干旱烈度的时空特征分析[J]. 干旱区资源与环境，2016，30(7)：138-143.

[4] 杨乐心，谷晓平，赵天良. 贵州农业气候资源配置系数研究[J]. 贵

州农业科学，2015，43(5)：223-226.

[5] Jose M, Sara S, Fernando F S, et al. Impact of high moisture conditions on the serviceability performance of wood plastic composite decks[J]. Materials and Design, 2016, 103：122-131.

[6] 安元强，郑勇奇，曾鹏宇，等. 我国林木种质资源调查工作与策略研究[J]. 世界林业研究，2016，2：1-9.

[7] 刘基勇. 贵州省林地保护利用现状及实施规划的对策措施[J]. 农业与技术，2016，36(2)：188.

[8] 郝建秀，王海刚，王伟宏，等. 利用弹性体增韧木粉/HDPE 复合材料[J]. 复合材料学报, 2016, 33(5)：976-983.

[9] 曹岩，王伟宏，王海刚，等. 制备方法对木塑复合材料弯曲性能的影响[J]. 复合材料学报，2013，30：311-314.

[10] 徐兵，梅长彤，潘明珠，等. 核壳结构木塑复合材料抗紫外老化性能试验[J]. 林业工程学报，2017，2(2)：33-38.

[11] 王林娜，蔡建臣，薛平. 木塑复合材料加速老化性能的研究[J]. 工程塑料应用, 2010, 38(2)：63-66.

[12] Muasher M, Sain M. The efficacy of photo-stabilizers on the color change of wood filled plastic composites[J]. Polymer Degradation and Stability, 2006, 91(5)：1156-1165.

[13] 中国国家标准化管理委员会. 人造板及饰面人造板理化性能试验方法 GB/T 17657-2013 [S]. 北京：中国标准出版社，2013.

[14] American Society of Testing Materials International. Standard test methods for flexural properties of unreinforced and reinforced plastics and electrical insulating materials ASTM 790-03[S]. West Conshohocken: ASTM International, 2003.

[15] American Society of Testing Materials International. Standard test method for tensile properties of plastics ASTM D 638-2010[S]. West Conshohocken: ASTM International, 2010.

[16] 中国国家标准化管理委员会. 塑料简支梁冲击性能测定 I：非仪器化冲击试验 GB/T 1043.1—2008 [S]. 北京：中国标准出版社, 2008.

[17] Sudar A, Renner K, Moczo J, et al. Fracture resistance of hybrid PP/elastomer/wood composites[J]. Composite Structures, 2016, 141: 146-154.

[18] 王正. 木塑复合材料界面特性及其影响因子的研究[D]. 北京：中国林业科学研究院，2001.

[19] Fabiyi J S, Mcdonald A G, Mallory D. Wood modification effects on weathering of HDPE-based wood plastic composites[J]. Journal of Polymer and the Environment, 2009, 17(1): 34-48.

结　论

贵州省主要森林采伐和加工树种马尾松和杉木等在加工过程中产生木屑、锯末和废料等剩余物的年产量极大，如此丰富的生物质资源除少量被作为低质燃料或原材料被粗放利用外，未得到充分合理的开发。另外贵州省每年塑料类消费量也相当巨大，废旧塑料的随意丢弃造成严重的环境污染。利用贵州省优势木种纤维填充废旧塑料，制备木塑复合材料，可用于户外地板、风景园林、外墙挂板、装饰材料等多方面，不仅可以缓解环境污染问题，而且有助于提高材料附加值，创造良好经济效益。

本书利用贵州省优势木种纤维填充废旧塑料，利用两步挤出法分别制备马尾松纤维/HDPE复合材料、杉木纤维/HDPE复合材料以及马尾松纤维/杉木纤维/HDPE复合材料，并研究其表面明度、颜色、密度、硬度和尺寸稳定性等物理性能，弯曲、拉伸和冲击等力学性能，蠕变性能和室内、户外自然老化性能，以及马尾松纤维和杉木纤维的质量比对马尾松纤维/杉木纤维/HDPE复合材料的物理和力学性能的影响，得出以下结论：

（1）马尾松纤维/HDPE复合材料的表面明度明显大于杉木纤维/HDPE复合材料，且相对偏向绿黄色，而杉木纤维/HDPE复合材料则偏向红蓝色。

（2）两种材料的密度、硬度和24 h吸水率相差均不超过5%，但马尾松纤维/HDPE复合材料的24 h吸水厚度膨胀率是杉木纤维/HDPE复合材料的3.43倍。

（3）两种复合材料的尺寸稳定性均明显优于北方常用树种杨木纤维/HDPE复合材料，杉木纤维/HDPE复合材料更适合在户外潮湿环境中使用。

（4）马尾松纤维/HDPE复合材料的弯曲强度和弯曲弹性模量分别为43.32 MPa和3.23 GPa，拉伸强度和拉伸弹性模量分别为21.43 MPa和0.95 GPa，冲击强度为6.94 kJ/m^2。

(5) 杉木纤维/HDPE复合材料的弯曲强度和弯曲弹性模量分别为63.88 MPa和3.97 GPa，拉伸强度和拉伸弹性模量分别为41.24 MPa和2.20 GPa，冲击强度为11.80 kJ/m^2。

(6) 杉木纤维/HDPE复合材料的力学性能明显优于马尾松纤维/HDPE复合材料，与之相比，弯曲强度、弯曲弹性模量、拉伸强度、拉伸弹性模量和冲击强度分别提高了47.46%、22.91%、92.44%、131.58%和70.03%。

(7) 马尾松纤维和杉木纤维的质量比对马尾松纤维/杉木纤维/HDPE复合材料的密度影响不大。

(8) 随着马尾松纤维和杉木纤维中杉木纤维含量的增加，马尾松纤维/杉木纤维/HDPE复合材料的表面明度值和黄蓝轴色度指数减小，吸水尺寸稳定性提高。

(9) 马尾松纤维和杉木纤维的质量比显著影响马尾松纤维/杉木纤维/HDPE复合材料的力学性能，尤其是拉伸性能，随着杉木纤维含量的增加，复合材料的力学性能值均逐渐增大，杉木纤维/HDPE复合材料的力学性能最好。

(10) 马尾松纤维/HDPE复合材料的抗蠕变性能较好，在50 N弯曲载荷作用下24 h应变仅为杉木纤维/HDPE复合材料的77.29%，但回复性能却较低，回复率仅为杉木纤维/HDPE复合材料的90.41%。

(11) 6个月的室内自然老化使杉木纤维/HDPE 复合材料和马尾松纤维/HDPE 复合材料的密度增加，随着温度升高和湿度的降低，密度增加速率减小，马尾松纤维/HDPE 复合材料的密度变化较小。

(12) 室内老化使复合材料的表面明度变暗，颜色向变色和黄色方向移动，杉木纤维/HDPE 复合材料的材色变化相对缓慢。

(13) 复合材料的拉伸性能受自然老化影响较为显著。对比室内自然老化，户外环境加快了木塑复合材料的老化降解速率。使复合材料的表面明度变白，颜色向红色和黄色方向移动。马尾松纤维/HDPE 复合材料褪色更加明显。

(14) 无论是室内老化还是户外老化，杉木纤维/HDPE 复合材料的耐老化性能均优于马尾松纤维/HDPE 复合材料。

研究进展

目前，制备WPCs的方法按成型时的工艺特点可分为手糊成型法、层压成型法、模压成型法、卷绕机缠绕成型法、挤出成型法、粘（贴）合成型法、注射成型法、炭化成型法、热压成型法和综合成型法[1-5]。研究团队曾采用挤出成型、挤出复合热压成型、挤出造粒模压成型和板坯铺装模压成型四种方式分别制备了不同目数的杨木纤维增强HDPE复合材料，研究杨木纤维目数对WPCs弯曲性能的影响的同时，研究了加工方式和WPCs弯曲性能之间的关系，以寻求提高其力学性能的制备方法，以期为合理的设计和使用WPC，进一步扩大其应用范围提供实验参考依据。

实验的主要原料：HDPE，5000s，中国石油大庆石化公司；杨木纤维，来自木材加工剩余物，平均粒径分为10～20目、20～40目、40～80目和80～120目四个等级）。偶联剂：采用MAPE；润滑剂：聚乙烯蜡，市售，来自山东齐鲁石化公司。原料处理和材料的制备：将杨木纤维在105 °C的条件下干燥24 h直至含水率低于3%，密封保存待用。

制备方法1（挤出成型法）：通过高速混合机将质量比为60∶36∶4的杨木纤维、HDPE颗粒和MAPE颗粒充分混合，将高温混合的物料连续而稳定地倒入双螺杆喂料斗，双螺杆喂料速度为5 r/min，转速为40 r/min，物料经过双螺杆的剪切、分散和挤压的作用，塑化成木塑粒料，将得到的木塑粒料冷却并通过锤式粉碎机粉碎。将粉碎的木塑粒料倒入单螺杆挤出机的喂料筒中，单螺杆转速为15 r/min，粒料经过进一步均化、挤出机机头高温加热和模具成型，再经过冷却定型得到宽40 mm、厚4 mm的WPC的条形材。这种将双螺杆挤出和单螺杆挤出相结合的制备方法的优势在于：既获得了双螺杆挤出机较高的混合效率，又充分利用了单螺杆挤出机熔体压力平稳利于成型的特点。利用体视显微镜观测板材的表面，发现纤维在基质中基本呈一维的定向分布，其中20～40目和40～80目的纤维在基质中分布的最为均匀。

制备方法2（挤出复合热压成型法）：通过高速混合机将质量比为60∶36∶4的杨木纤维、HDPE颗粒和MAPE颗粒充分混合。将混合后的粒状物料加入双螺杆挤出机，在160～175 °C下塑化成密实的块状物料。将物料在180 °C下热压5 min，板材的厚度控制在4 mm，之后冷压至室温。利用体视显微镜观测板材的表面，发现纤维在基质中呈二维的非定向分布。

制备方法3（挤出造粒模压成型法）：将方法1中通过双螺杆挤出机后的块状物料经锤式粉碎机粉碎成粒料。将粒料在160 mm×160 mm的模具中手工铺装成板坯后在180 °C下进行热压，热压5 min、冷压5 min，控制板材的厚度为4 mm。利用体视显微镜观测板材的表面，发现纤维在基质中呈三维随机分布。

制备方法4（板坯铺装模压成型法）：用电动植物粉碎机分别将粒状HDPE和MAPE粉碎成粉末状。将质量比为60∶36∶4的杨木纤维、HDPE粉末和MAPE粉末在160 mm×160 mm的模具中手工混合铺装成板坯后在180 °C下进行热压，热压15 min、冷压5 min，控制板材的厚度为4 mm。利用体视显微镜观测板材的表面，发现通过手工铺装的控制作用，纤维在基质中呈二维非定向分布。另外，我们发现当纤维的目数为80-120时，杨木纤维成粉末状，和HDPE粉末混合时很难达到均匀，热压时极易碳化。因此为了避免碳化对于该目数纤维增强HDPE复合材料的力学性能的影响，应采取相对低的温度进行热压，并且适当缩短热压时间。

通过对比以上四种方法制备的木塑复合材料的表面形态，可以明显地看出，挤出成型的WPC中的纤维发生断裂并改变了尺寸，这可能是纤维与HDPE在高速混合的过程中，以及在挤出成型制备中经过双螺杆的剪切、分散和挤压的作用下，遭到破坏造成的。

根据ASTM D790-2003，将四种成型法制备出的板材锯成80 mm×13 mm×4 mm的条状试样，每种目数等级的杨木纤维增强HDPE复合材料取6个试样，并在跨距为64 mm、速度为1.9 mm/min的室温条件下测量它们的抗弯强度（MOR）和弹性模量（MOE）。

制备方式对材料的密度有较大的影响，其中采用方法1（挤出成型法）和方法2（挤出复合热压成型法）制备的材料，由于原料通过双螺杆挤出机在160～175 °C下塑化得较为密实，所以密度最大，最大可达到1099.3 kg/m^3；而方法4（板坯铺装模压成型法）在手工铺装原料时纤维松散不易压缩，因此密度最小，最小值为900.70 kg/m^3。

前人研究中[6]发现目数越小的木粉越容易在界面处形成空洞缺陷，另一方面，HDPE熔体只在界面的较浅的表面层向木粉渗透，这样在木粉中心部分的蜂窝状微泡结构不变，该结构是导致密度低的原因，因此木粉的目数越小，保留木材原有密度的比重就越大，所以，当木粉的填充量不变时，复合材料的密度随着木粉目数的减小而减小。本实验中也得到这样的结果，目数较大的纤维增强HDPE复合材料的平均密度比小目数的纤维增强HDPE复合材料的平均密度略有提高（4.67%），但不明显。

挤出成型法制备的WPC的弯曲强度值最大，其次是挤出复合热压成型法制备的WPCs，其弯曲强度对比于挤出成型法制备的WPC小19.5%～21.3%；而板坯铺装模压成型法制备的WPC的强度最小，仅是挤出成型法制备的WPC材料的14.0%～36.5%。

对于弹性模量，挤出成型法制备的WPC的值最大，其次是挤出复合热压成型法制备的WPC，其值比挤出成型材的小31.6%～52.9%；而挤出造粒模压成型法制备的WPC的值最小，仅为挤出成型材料的37.3%～56.4%。

从测试结果可以看出，随着纤维目数的减小，复合材料强度和弹性模量先增大再略微减小，这个结果和前人的研究结果一致[7-10]。当增强纤维的目数达到20目时，再增大纤维的尺寸对复合材料的抗弯性能的提高已经基本没有意义了。80～120目纤维增强材料的强度和弹性模量值最小，原因在于80～120目的木纤维基本呈粉末状，破坏了纤维的连续性，减小了纤维的强度和刚度，影响了纤维的增强效果，导致复合材料的弯曲性能值显著降低。抗弯增强效果以20～40目的纤维为佳，弯曲强度和弹性模量值较10～20目木纤维增强HDPE复合材料大，这是因为如果纤维的尺寸超过20目，大纤维之间容易搭桥，纤维之间以及纤维与HDPE基体之间易产生空隙，降低结合作用，并容易在受力时产生应力集中现象。

研究得出的结论为：(1) 制备方式对木塑复合材料的密度有较大的影响，采用挤出成型法和挤出复合热压成型法制备的材料密度最大，可达到1099.3 kg/m^3，而板坯铺装模压成型法制备的材料密度最小，仅为900.70 kg/m^3。(2) 目数较大的纤维增强HDPE复合材料的平均密度比小目数的纤维增强HDPE复合材料的平均密度略有提高(4.67%)，但不明显。(3) 挤出成型法制备的木塑复合材料的弯曲强度和弹性模量最大，其次是挤出复合热压成型法制备的材料，其强度和弹性模量分别对比于挤出成型法制备的材料小19.5%～21.3%和31.6%～52.9%；而板坯铺装模压成型法制备的材料的强度最小，挤出造粒模压成型法制备的材料的弹性模量值最小。(4) 随着纤维长度的增加，复合材料弯曲强度和弹性模量先增大再略微减小，抗弯增强效果以 20～40 目的纤维为佳。

另一方面，WPCs的研究开发以及生产过程中，较多地采用了多种力学性能检测设备和表面分析仪器，使我们对WPCs的各种力学性能、吸水性能、耐用性能等都有了全面了解。然而，与其他复合材料相比，在WPCs研究中数理分析手段的运用还极其有限。分析模型是研究和预测复合材料力学行为的简单而实用的方法[11,12]，对材料性能设计和预测起到重要作用，为制造工艺调整和构件组成施工提供了参考依据。

研究者通常利用复合材料组成成分特性的函数关系，建立模型来描述复合材料的相应的特性。描述短纤维增强聚合物的有效的力学模型（包括宏观、微观、细观力学模型）有多种类型，最常用的方法有ROM、Cox模型、Boryer-Bader模型、Halpin-Tsai模型和Kelly–Tyson模型等[11,12]。近几年来，有少数学者的研究也涉及了WPCs性能预测的数学模型。研究团队曾对数学手段在WPCs的力学性能的研究领域的应用情况和可能应用于这一材料的数学手段进行了研究，并评述了各种方法的优缺点，对其在WPCs中的应用进行了展望。

对于复合材料力学性质的描述通常是通过引入一些参量来研究其对复合材料力学性能的影响程度，常用的参量有：纤维长度，纤维指向因子，纤维分散度，纤维的几何形状，纤维和基体的界面黏合度等。林林总总的模型理论可以划分为两大类：一类是基于Einstein和Guth的以非刚性聚合物为基体的复合材料力学方程；另一类是纤维/刚性聚合物或粒子/刚性聚合物复合材料的力学模型，主要有ROM、Cox模型、Halpin-Tsai模型、Boryer-Bader模型和Kelly–Tyson模型等。

混合法则（The rule of mixtures，简称ROM）的基本公式为：

$$P = \sum P_i v_i$$

应用到WPCs上，ROM可以解释成是一种利用纤维和基体体积的加权特性和用来预测复合材料性质的常用的简单方法[12]。此模型还被用在分析金属及其化合物纤维复合材料、陶瓷基复合物的拉伸研究中。该分析模型规定，复合材料的性质就是它的组成物质的体积加权平均性质，即：

$$P_{\mathrm{c}} = CP_{\mathrm{f}} v_{\mathrm{f}} + P_{\mathrm{m}} v_{\mathrm{m}}$$

式中 v_{f} 是纤维的体积分数，v_{m} 是基体的体积分数，P 是材料的任意性质。下标f 、m和c分别表示纤维、基体和复合材料[12]。纤维取向因子 C 在其中也发挥了很大的作用。对于三维随机排列的纤维，C 取值为1/5；而对于二维平面随机分布的纤维，C 取值为3/8；另外，对于轴向负载的纤维，C 的值为1[12]。近年来，人们研究天然纤维材料时，

将 C 取值为3/8[13]。还有些学者尝试利用纤维长度 l 和 C 等因素来调整加权系数，从而改进混合法则[14]。

1981年Fukuda等人[14]改进了混合法则成为如下形式：

$$\sigma_{cu}=\sigma_{fu}v_f+\sigma_{mu}(1-v_f)$$

式中，σ_{cu} 和 σ_{fu} 分别是复合材料和纤维的断裂拉伸强度，σ_{mu} 是纤维断裂时基体的应力。从纤维端部裂纹尺寸和应力集中概率函数预测材料的断裂，建立了一维定向短纤维复合材料增强的概率模型，即

$$\sigma_{cu}=\sigma_{fu}v_f\left[\sum_{j=k_0+1}^{\infty}\frac{1}{K_j}\frac{NP_{\mathrm{j}}}{j}+\frac{1}{K_{k_0}}\left(1-\sum_{j=k_0+1}^{\infty}\frac{NP_j}{j}\right)+\sigma_m'\left(1-v_f\right)\right]$$

一年之后，他们又将其发展为三维随机分布短纤维增强的概率模型[15]。但该模型过于复杂，许多参数无论是从理论计算还是从实验中获得都存在一定的难度，使其在实际应用中受到限制。

1994年，Zhu等人[16]为简化计算做出了几点假设：（1）全部纤维有相等的拉伸强度；（2）每根纤维的 l 和 C 均相同；（3）纤维与基体界面牢固黏结。分析了三维空间随机指向的短纤维/金属复合材料的拉伸强度，并对ROM进行了修正。同年，Rangaraj等人[17]考虑了纤维间的作用、纤维在基体中的不均匀分布、纤维和加载方向等因素对于复合材料力学性质的影响，分析了单向连续纤维增强复合材料的拉伸强度，修正了的ROM更好地解释了纤维复合材料的拉伸力学性能。

1997年，Simonsen[18]利用ROM模拟了木纤维填充三种不同热塑性塑料（PP、PE和PS）基体的弯曲弹性模量，通过应用有效增强因子 ϕ 很好地拟合了实验曲线，$\frac{E_c}{E_m}=\left(\frac{1}{5}\right)\left[1+v_f\left(\frac{\phi E_f}{E_m}-1\right)\right]+\left(\frac{4}{5}\right)\left(\frac{\phi E_f}{v_m\phi E_f+v_f E_m}\right)$ 由于聚合物基体的不同，ϕ 的取值范围是0.61～0.85。对于WPCs硬度的预测和描述，ROM是很适用的模型。因为通过很好地黏合基体和填充物，ϕ 介于0.25～0.63之间。一般来说，复合材料的弯曲强度随着填充物含量的增加而减低。

2006年，Doan等人[19]在研究注射成型的黄麻/聚丙烯复合材拉伸力学性能时，考虑到复合材料界面的性质采用了ROM。

$$\sigma_c=\left(\frac{CL_f\tau}{d}-\sigma_m\right)V_f+\sigma_m$$

纤维指向因子 C 的范围是0.10～0.36。此模型也很好地拟合了实验值。他们还利用Hirsch模型得到了拉伸弹性模量 E_c 与 E_m、E_f 的关系式：

$$E_c=\beta\left(E_m v_m+E_f v_f\right)+(1-\beta)\frac{E_f E_m}{E_m v_f+E_f v_m}$$

Hirsch 模型是 ROM 的并联和串联的组合[11]。

串联模型：$\begin{cases}\sigma_c=\sigma_f v_f+\sigma_m v_m\\ E_c=E_f v_f+E_m v_m\end{cases}$；

并联模型：$\begin{cases}\sigma_c=\sigma_m\sigma_f\big/\left(\sigma_m v_f+\sigma_f v_m\right)\\ E_c=E_m E_f\big/\left(E_m v_f+E_f v_m\right)\end{cases}$；

Hirsch模型 $\begin{cases}\sigma_c=x\left(\sigma_f v_f+\sigma_m v_m\right)+(1-x)\dfrac{\sigma_m\sigma_f}{\sigma_m v_f+\sigma_f v_m}\\ E_c=x\left(E_f v_f+E_m v_m\right)+(1-x)\dfrac{E_m E_f}{E_m v_f+E_f v_m}\end{cases}$

除ROM以外，另一个常用模型是Halpin-Tsai方程，它简化了Hermans和Hill[20]对于连续纤维复合材料的模型，并通过一些实验参数解释了纤维的几何分布。

Halpin-Tsai模型是1969年由华盛顿大学的Halpin首次提出的，是为评估取向性短纤维复合材料的硬度和膨胀性而建立的。它被多次用来描述连续或非连续相的聚合物的力学性质，同时它也特别适用于模拟负载方向沿非连续纤维方向的复合物材料的性质[11]。该模型理论基于一个基本假设，即假设以复合材料中各原料的性质，分布集中度和长径比为自变量的函数能够表达取向性短纤维薄片的硬度和膨胀性质，并且表达的准确性在复合材料的体系当中能找到各自物理意义上的加权系数。也就是说，Halpin-Tsai模型不像ROM那样考虑用体积加权特性来描述复合材料的性质，而是利用基体与纤维的性能比[12]。Halpin-Tsai方程式是由 E_f/E_m 和参数 ξ 组成的半参数模型。

$$\begin{cases} E_c = E_m\left(\dfrac{1+\xi\eta_E v_f}{1-\eta_E v_f}\right) \\ \sigma_c = \sigma_m\left(\dfrac{1+\xi\eta_\sigma v_f}{1-\eta_\sigma v_f}\right) \end{cases}$$

式中，$\begin{cases} \eta_E = \left(E_f/E_m - 1\right)/\left(E_f/E_m + \xi\right) \\ \eta_\sigma = \left(\sigma_f/\sigma_m - 1\right)/\left(\sigma_f/\sigma_m + \xi\right) \end{cases}$，$\xi = 2l/d$

其中 ξ 与纤维的几何形状、纤维的分散度和加载力有关[11]。当 $l \to 0$ 时，$\xi \to 0$，上式与ROM的并联模型一致。当 $l \to \infty$ 时，$\xi \to \infty$，上式与ROM的串联模型一致。

1974年，Nielson通过引用因子 $\phi_{\max}$ 修正了Halpin-Tsai方程：

$$\begin{cases} E_c = E_m\left(\dfrac{1+A\eta v_f}{1-\eta\psi v_f}\right) \\ \\ \sigma_c = \sigma_m\left(\dfrac{1+A\eta v_f}{1-\eta\psi v_f}\right) \end{cases}$$

式中，$\psi = 1+\left(1-\phi_{\max}\right)v_f/\phi_{\max}^2$，$A = K-1$，$K = 1+2l/d$。

当纤维截面呈正方分布时，$\phi_{\max}$ 的值取0.785；当纤维截面呈六角形分布时，$\phi_{\max}$ 的值取0.709；当纤维无规则分布时，$\phi_{\max}$ 的值最大，为0.82[11]。

另外，Kerner的研究结果表明，复合材料的平面剪切模量介于颗粒组成的复合材料的剪切模量 G_m 和连续纤维增强复合材料的剪切模量 G_{12} 之间。由于长径比 l/r 对于 G_{12} 的影响不大，可以近似地得出：

$$\frac{G_{12}}{G_m} = \frac{1+\xi\eta v_f}{1-\eta v_f}$$

其中 $\eta=(G_f/G_m-1)/(G_f/G_m+\xi)$，并且 $\xi=1$

同样，沿纤维方向的硬度的评价也采用了相同的方法，将 $\xi=1$ 代入上式中，得出了与连续纤维复合材料相似的结论。最后对于泊松系数 μ 的评估也是利用了相似的方法。但对于 l/r 较大的材料，ROM产生的误差较小。以上的研究结果发现，对于短纤维复合材料，横向拉伸模量 E 和剪切模量 G_{12} 受 l/r 的影响均不大，只有纵向拉伸模量 E_{11} 受 l/r 的影响显著。

Halpin-Tsai方程曾成功地用于描述不同WPCs的 E_{11} [21,22]，如，2006年Facca等人[23]用ROM、Halpin-Tsai和Cox等五种模型预测多种植物纤维/高密度聚乙烯复合材的拉伸模量 E，发现Halpin-Tsai模型的结果最接近于实测值。不过，它在纤维体积分数低的情况下非常好的拟合了实验数据，但是当纤维体积分数较高时，Halpin-Tsai模型对一些弹性参数的评估欠准确[21-23]。

Cox模型是最著名的半参数模型，它在模型解释和估计方法上都有很多优势。作为一种多因素生存分析方法，Cox模型能综合分析、预测、筛选对结果有显著影响的因素。Cox模型是基于纤维复合材料的剪切滞后机理建立起来的。该理论认为决定复合材料力学性质的两个主要因素是纤维的临界长度和由于剪切滞后产生的纤维与基体界面间的剪切强度。Cox的剪切滞后理论有两个缺陷：一是没有考虑到纤维末端的压力增大作用；二是基体的拉应力没有径向限制[11]。

Cox模型认为，纤维的应力及应变与基体单独存在时的应变之差成正比[12]。

$$E_c=E_f\left[1-\frac{\tanh(\beta l/2)}{\beta l/2}\right]v_f+E_m v_m$$

其中 $\beta^2=\frac{1}{r^2}\frac{2E_m}{E_f(1+v_m)\ln(P_f/v_f)}=\frac{2\pi G_m}{A_f E_f\ln(d_1/d)}$。当 $l/r\to\infty$ 时，上式与ROM的串联模型一致。

$$\sigma_c = \sigma_f \left[1 - \frac{\tanh(\beta l/2)}{\beta l/2}\right] v_f + \sigma_m v_m$$

式中 A_f 是纤维的横截面积。上式给出了复合材料的拉伸弹性模量 E_c 随 l 的变化规律。试验中发现，l 大于临界纤维长度 l_c 和小于 l_c 的同种复合材料显示出的力学性能有很大差异。可以说，l/r 在控制复合材料力学性能方面发挥了不可忽视的作用[11]。

Sebastien等人[12]用Cox模型模拟了WPCs的拉伸弹性模量，并将 $G_m = E_m/[2(1+v_m)]$ 和 $A_f = \pi d^2/4$ 代入Cox模型公式，得到：

$$E_c = E_f \left[1 - \frac{\tanh(\beta l/d)}{\beta l/d}\right] v_f + E_m v_m$$

式中，$\beta^2 = \frac{1}{r^2}\frac{2E_m}{E_f(1+v_m)\ln(P_f/v_f)} = \frac{E_m}{E_f(1+v_m)\ln(d_1/d)}$，

当纤维截面呈正方分布时，$d_1/d = \left[\pi/(4v_f)\right]^{\frac{1}{2}}$，且 $P_f = \pi$；当纤维截面呈六角形分布时，$P_f = 2\pi/\sqrt{3}$ 且 $d_1/d = \left[2\pi/(\sqrt{3}v_f)\right]^{\frac{1}{2}}$。假设在等轴上的每根纤维之间的距离都是 d_1，并假设纤维周围包覆的集体材料是六角形的，将 d_1 用 d 的函数表示，得出

$$d_1 = d\left[\frac{\pi}{4\sqrt{3}}\left(\frac{v_m}{v_f}+1\right)\right]^{\frac{1}{2}}，\text{即}\ \frac{d_1}{d} = \left(\frac{2\pi}{4\sqrt{3}v_f}\right)^{\frac{1}{2}}$$

Cox模型的方程式通过调整 E_f 来拟合了喷射塑模法制得材料的实验值，直到达到最小误差项平方和。而且研究发现，对于喷射成型法制得的材料，Cox模型很适用，但对于挤出成型法制得的材料，Cox不是很有效。这是因为这两种成型方法导致产物的指向性能存在差异，前者的指向性很好，后者是平面随机指向的。

对于弹性模量 E，Cox模型所确定的系数大于Halpin–Tsai模型，同时，Cox模型所得到的误差项平方和小于Halpin–Tsai模型。通过比较可知，Cox模型更适合WPCs的拉伸性能研究，但是Halpin–Tsai模型

的优点是给出了纤维指向性影响因子。对于有序纤维排列的复合材料的研究，Cox模型和Halpin–Tsai模型均被广泛使用[12]。

1998年，北京化工大学材料科学与工程学院的张立群、金日光等[24]基于Cox剪滞法[25-27]，推导了含 E_f、E_m、σ_{fu}、纤维基体界面剪切强度 τ_s 和 v_f 等诸多因素的短纤维/橡胶复合材料的 l_c/r 数学模型：

$$\frac{l_c}{r}=2\left(\frac{E_f}{E_m}\right)^{\frac{1}{2}}\sqrt{\ln\left(\frac{R_m}{r_f}\right)(1+v_m)}\left[\ln\frac{1+k\sigma_{fu}/\tau_s}{1-k\sigma_{fu}/\tau_s}\right]$$

该模型能够更全面地反映结构因素对短纤维/橡胶复合材料中短纤维 l_c/r 的影响。

对于界面结构与复合材料性能关系的研究和界面细观力学的研究，20世纪50年代初，Cox和Hooper各自建立了一维界面应力传递模型；较系统的研究从20世纪60年代开始，关于界面的一系列研究的文章也开始发表；20世纪70年代以来，研究者开始对界面的各个方面进行系统研究，Dow，Rosen等人发展了Cox的一维应力传递模型和剪滞分析方法，得到了界面应力传递更为接近实际的结果。

一维界面模型有自身的缺陷，它提供的应力分布本身不满足应力平衡条件。此外，它不能说明基体和纤维之间的热应力系数的差异、界面的热特性和不同性能组合对界面特性的影响。目前，学者们建立的一维界面载荷传递模型都只是对Cox模型在某些程度上的修整和改善，在常数上加以区别，没能从根本上克服上述的缺点。

1965年Kelly和Tyson等[25]建立了三条假设，并根据剪滞法提出了短纤维的 l_c、l/r、σ_{fu} 和 σ_{mu} 之间关系的公式，尽管该公式所包含的影响因素不全面，其假设也有理想性和局限性，但凭借其简单性和明确的物理意义，至今仍被广泛使用。

Kelly和Tyson首先提出了适用于研究增强纤维、基体与界面三者间的相互作用关系的单纤维断裂实验，通过测出纤维 l_c 可以确定界面强度。

Kelly-Tyson模型认为复合材料中 σ_{fu} 与 l/r 以及 τ 是成比例的，即

$$\sigma_f = \tau \frac{l}{r}$$

对于纤维平均分布的情况，有 $l_c/r = \sigma_{f,\max}/\tau$。将其代入ROM中，得到以 l/r 为函数的复合材料拉伸强度公式[12,13]如下：

$$\sigma_c = \alpha_0 \tau \frac{l}{r} v_f + \sigma_m v_m$$

为了建立非连续纤维聚合物的强度模型，Kelly和Tyson[25]不但扩展了ROM，还用一种类似于Cox的ROM描述复合材料硬度的方法来描述复合材料的强度，阐述了 l_c 与复合材料力学性能的关系。1996年Fu和Lauke[28]也进行了相关的研究。

1982年Fukuda[15]、Pipes[29]报道了取向因子理论；1993年Sanadi等人[30]通过载荷作用半包围木纤维样本的拉伸试验得到了 τ 的表达式；2000年Garkhail[31]分析了Kelly-Tyson拉伸强度预测模型；2001年Thuvander等人用以上的理论研究了韧性热固性基体包裹木材纤维断裂实验；2003年Joffe等人[32]将这个模型应用到了处理和未处理的亚麻纤维碎片；2004年Goda报道了 τ、l_c 和 σ_{fu} 三者之间的制约关系理论；2007年Sanomura[33]报道了取向因子整合理论、植物纤维强度分布的Weibull分布理论；2009年，王瑞和王春红[34]利用Kelly-Tyson拉伸强度预测模型及相关修正理论，用 l、r、取向角和强度概率分布作为因子，提出了非连续植物纤维增强可降解复合材料强度预测模型，并探讨了 τ 与 l_c、σ_{fu} 三者间制约关系对复合材料强度的影响。

大量的数学模型被应用于纤维增强复合材料领域，文中谈到的ROM、Cox模型、Halpin-Tsai模型和Kelly–Tyson模型都是很常用的模型。此外，研究复合材料力学性能的模型还有Mori-Tanaka模型[35,36]、Composite Cylinder Assemblage(CCA)模型[37,38]、Levin模型、Bowyer-Bader模型[11]、Shear-lag模型[39,40]、Hashin-Rosen模型[12]、Hirsch模型[12]和Weibull分布模型，等等。尽管研究复合材料力学性能的模型不少，但能够有效地用于研究WPCs的模型却是屈指可数的，即使模型能够拟合实验值，也存在一定的局限性或假设性。

建立力学模型的目的是将结构复杂的材料的力学性质如同实验测试一样得出，甚至比其更简单地预测出材料的力学性质。WPCs的力学模型的发展趋势便是用更简明的形式更准确地描述这种结构复杂材料的力学行为和力学性能。建立WPCs的力学性质的模型的意义在于：直观并准确地找出影响其性能的最重要因子以及该因子对性能的影响程度；为材料的优化提供很好的依据；为材料生产指明方向，使其更好地满足新时代产业的要求。

模型的应用范围正在不断扩大，这给我们提出了新的课题：更科学地改善现有的方法，继续探索和深入发掘材料的结构和性能之间的数理关系。

研究团队还曾采用板坯铺装模压成型法分别制备了四种不同尺寸（即125～180 μm、180～425 μm、425～850 μm和850～2000 μm）的杨木纤维（PWF）增强HDPE复合材料，并对PWF/HDPE复合材料进行了弯曲性能测试、冲击性能测试、动态热力学分析（DMA）、24 h蠕变－24 h回复测试和1000 h长期蠕变测试。实验结果表明，PWF的尺寸过大或者过小均不利于提高PWF/HDPE复合材料的弯曲性能，增强效果最好的是425～850 μm PWF/HDPE复合材料，其弯曲强度达到26.71 MPa，弹性模量达到2.73 GPa；PWF长度从180 μm增加到2000 μm，PWF/HDPE复合材料的抗冲击性能变化不大；125～180 μm PWF/HDPE复合材料的抗冲击性能较差；短PWF/HDPE复合材料的抗蠕变性能较差，不适合在长期负载的条件下工作，而850～2000 μm的长PWF/HDPE复合材料的抗长期蠕变性能最好，且回复率最高，为78.46%；1000 h形变仅为0.809 mm，对比其他尺寸的PWF/HDPE复合材料1000 h形变的平均值降低了48.00%。

实验主要原料为杨木纤维（PWF），来自木材加工剩余物，平均长度分别为850～2000 μm、425～850 μm，180～425 μm和125～180 μm；基体：HDPE，5000s，中国石油大庆石化公司；偶联剂：MAPE。

原料处理和材料制备：PWF在105 °C条件下干燥至含水率低于3%，且密封待用。用粉碎机分别将HDPE颗粒和MAPE颗粒粉碎成粉末状。按质量比为60：36：4称取PWF、HDPE和MAPE粉末，混合后放于160 mm × 160 mm的模具中，并铺装成板坯，在180 °C下热压15 min，然后冷压15 min，控制板材的厚度为4 mm。

根据ASTM D790-03[41]，将制备好的PWF/HDPE复合材料锯成80 mm × 13 mm × 4 mm的样条，每种样条取6个试样，采用深圳瑞格尔仪器有限公司出产的RGT-20A电子万能力学试验机，在跨距为64 mm、弯曲速度为1.9 mm/min的室温环境下进行弯曲性能测试。

根据GB/T 1043.1-2008[42]，将PWF/HDPE复合材料锯成80 mm × 10 mm × 4 mm的样条，每种样条取8个试样，利用XJC-25系列表盘式悬筒组合冲击试验机，摆锤能量选择2 J，在跨距为62 mm，冲击速度为2.9 m/s的室温环境下进行简支梁摆锤冲击试验。

采用德国的NETZSH公司的DMA-242型动态热机械分析仪测试PWF/HDPE复合材料在三点弯曲模式下的动态热力学性能，温度谱扫描的条件为：频率1 Hz，温度范围是 − 70 °C-200 °C，加热速率是5 °C/min，试样的尺寸是40 mm × 10 mm × 3 mm。

参照ASTM D2990-09[43]，利用实验室自制的蠕变仪，在湿度为55%～65%的室温条件下，采用三点弯曲的加载方式（跨距为64 mm），对尺寸为100 mm × 40 mm × 4 mm的PWF/HDPE复合材料试样施加50 N的恒力，利用最小刻度为0.01 mm、量程为50 mm的千分表测量并记录试样的几何中心在不同时刻沿力的方向上的形变，24 h后卸下载荷，让试件自由回复24 h，每组试样读数47次，每种试样重复试验3次。

与24 h蠕变测试方法相似，在湿度为55%～65%的室温条件下，利用实验室自制的蠕变仪对PWF/HDPE复合材料施加50 N的力，载荷作用时间延长至1 000 h，记录千分表的读数，每组试样读数35次，每种试样重复试验3次。

随着纤维的增长，PWF/HDPE复合材料的弯曲强度值和弹性模量值均呈先增大后略减小的趋势，这个结果与前人的研究结果基本一致[9-10,44-45]。

PWF从125 μm增大到850 μm，PWF/HDPE复合材料弯曲强度和弹性模量分别提高了183.85%和47.57%，425～850 μm PWF/HDPE复合材料的弯曲强度和弹性模量抗弯性能值最高，分别达到26.71 MPa和2.73 GPa。当纤维尺寸超过850 μm后，弯曲强度和弹性模量均有下降，与425～850 μm PWF/HDPE复合材料相比，850～2000 μm PWF/HDPE复合材料的弯曲强度降低了20.85%，弹性模量降低了为15.38%。

过长和过短的纤维增强效果相对较差，因为过短的粉末状纤维连续性差，本身的强度和刚度不高，在基体中起不到增强作用；过长的纤维之间又容易搭桥，纤维之间以及纤维与基体之间产生空隙的概率提高，导致结合作用降低，在受力过程中容易产生应力集中现象。

125～180 μm PWF/HDPE复合材料的抗冲击性能最差，为3.07 kJ/m^2，纤维尺寸从125 μm增加到850 μm，冲击强度提高了124.10%。425～850 μm PWF/HDPE复合材料的冲击强度值最高，为6.88 kJ/m^2。当纤维尺寸超过850 μm后，冲击强度值同样出现下降，但是幅度不大。总体来看，850～2000 μm、425～850 μm和180～425 μm三组PWF/HDPE复合材料的抗冲击性能相差不大。

随着温度的增加，聚合物分子的活动更加剧烈，PWF/HDPE的储能模量（E′）降低；随着PWF尺寸的减小，损耗模量(E″)增加，PWF/HDPE的损耗角正切值逐渐减小，韧性减小，抗冲击性能减小，弹性特征明显。

50 N的弯曲载荷未能使试件发生断裂，更未引起整个试验台的振动，保证了所有试件测试数据的稳定性和真实性。125～180 μmPWF/HDPE复合材料的抗短期蠕变性能最差，其弹性形变为0.650 mm，24 h形变为2.246 mm，24 h变形回复率为75.73%；180～425 μm PWF/HDPE复合材料的抗短期蠕变性能较好，其弹性形变为0.383 mm，24 h形变为0.975 mm，24 h变形回复率为61.74%；425～850 μm PWF/HDPE复合材料的对应值分别为0.370 mm、1.142 mm和71.45%；850～2000 μm PWF/HDPE复合材料的对应值分别为0.430 mm、0.803 mm和78.46%。

随着PWF尺寸增大，PWF/HDPE复合材料的弹性形变先减小后略增大，该趋势与弯曲测试结果吻合；除125～180 μm PWF/HDPE复合材料外，其他三种材料的24 h形变相差不大，850～2000 μm PWF/HDPE复合材料的24 h形变最小；而180～425 μm PWF/HDPE复合材料的回复率最低，其余三种材料相差不大。

四种尺寸的PWF/HDPE复合材料在50 N载荷作用下的1000 h蠕变实验结果显示，125～180 μm PWF/HDPE复合材料的抗长期蠕变性能最差，其1000 h形变为2.283 mm；180～425 μm PWF/HDPE复合材料的抗长期蠕变性能较好，1000 h形变为1.191 mm；425～850 μm PWF/HDPE复合材料的1000 h形变为1.537 mm；850～2000 μm PWF/HDPE复合材料的抗长期蠕变性能最好，1000 h形变为仅为0.809 mm，对比24 h蠕变变形，仅增加了0.75%，对比125～180 μm、180～425 μm和425～850 μm PWF/HDPE复合材料的1000 h变形值，分别降低了64.56%、32.07%和47.37%。可见增加纤维的长度对于提高材料抗蠕变性能起到了很好的作用。

该研究的结果表明：(1) 杨木纤维（PWF）尺寸过大或过小均不利于提高PWF增强高密度聚乙烯（HDPE）复合材料的弯曲性能，增强效果以425～850 μm为佳，弯曲强度达到26.71 MPa，弹性模量达到2.73 GPa。(2) 125～180 μm PWF/HDPE复合材料的抗冲击性能最差，PWF从180 μm增长到2000 μm，PWF/HDPE复合材料的抗冲击性能变化不大。(3) 随着PWF变短，PWF/HDPE复合材料的损耗模量增加，损耗角正切值逐渐减小，材料的韧性减小，抗冲击性能减小，弹性特征明显。(4) 850～2000 μm的长PWF/HDPE复合材料的24 h形变最小，为0.803 mm，且回复率最高，为78.46%；而180～425 μm PWF/HDPE复合材料的回复率最低，为61.74%。(5) 增加PWF长度对于提高材料抗蠕变性能起到了很好的作用，850～2000 μm PWF/HDPE复合材料的抗长期蠕变性能最好，1000 h形变为仅为0.809 mm，对比其他尺寸PWF/HDPE复合材料的1000 h变形的平均值降低了48.00%。

目前，由于全球森林资源的日益枯竭，人们保护环境和节约能源的意识不断高涨，各国都在大力提倡“发挥资源优势，发展绿色产业”，木塑复合材料应运而生。木塑复合材料是一种木质纤维增强聚合物的新型环保复合材料[1,46-48]。我国的木塑复合材料加工企业已经超过300家，而年产值也超过50亿人民币[44]。

2000年，Sain等人[49]建立了预测聚氯乙烯基、聚丙烯基和聚乙烯基木塑复合材料蠕变行为的数学模型，发现原料的形状影响其蠕变性能和分子流动性，并通过改进已有的蠕变模型和著名的Findlay模型建立了能较好拟合木塑复合材料的蠕变性能的新模型。2011年，Pulngern等学者[50]制备了木粉/聚氯乙烯复合材料，并在其表面或边加入0.5 mm厚高碳钢增强材料，发现弯曲断裂载荷增加了64%～101%，蠕变形变减小了52%～89%。南京林业大学的李大纲教授[51,52]曾利用时间温度应力等效原理，得到稻壳/高密度聚乙烯（HDPE）复合材料在55 °C条件下的蠕变柔量主曲线，通过加入竹条增强筋提高稻壳/HDPE复合材料的弯曲性能和抗蠕变性能。东北林业大学生物质材料科学与技术教育部重点实验室王清文教授和王伟宏教授的研究团队，也针对木塑复合材料的力学和蠕变性能开展了一系列的研究[45,53-54]。

接下来研究团队尝试采用长为850～2000 μm的杨木纤维（PWF）增强高HDPE，利用板坯铺装模压成型法制备了PWF/HDPE复合材料，对其进行了弯曲力学性能测试、无缺口悬臂梁冲击强度测试、24 h弯曲蠕变－24 h回复性能测试和1000 h蠕变性能测试以及蠕变后残余弯曲力学性能测试，并利用两参数指数模型、Findley指数模型以及四元件Burgers模型拟合蠕变曲线。研究结果表明，制备的PWF/HDPE复合材料的弯曲强度为21.14 MPa，弹性模量为2.31 GPa，无缺口冲击强度为6.77 kJ/m^2；24 h形变为0.803 mm，24 h回复率为78.46%，蠕变后弯曲强度下降了6.45%，而弹性模量增加了8.95%；1000 h形变为0.809 mm，蠕变后弯曲强度保留了72.35%，弹性模量增加了10.67%；三种模型中，四元件Burgers模型拟合蠕变曲线的效果更好。

实验增强纤维：850～2000 μm的杨木纤维（PWF），来自木材加工剩余物；基体：HDPE，5000 s，中国石油大庆石化公司；偶联剂：MAPE。

制备方法：PWF需在105 °C条件下干燥至含水率低于3%，密封待用。用粉碎机分别将HDPE颗粒和MAPE颗粒粉碎成粉末状，待用。

板坯铺装模压成型法制备PWF/HDPE复合材料，按质量比为60∶36∶4称取PWF、HDPE粉末和MAPE粉末，混合后放入热压模具中铺装成板坯，在180 °C下热压15 min，然后冷压15 min，控制板材的厚度为4 mm。

根据ASTM 790-03[41]，将制备好的PWF/HDPE复合材料锯成80 mm × 13 mm × 4 mm的样条，采用深圳瑞格尔仪器有限公司出产的RGT-20A电子万能力学试验机，在跨距为64 mm、弯曲速度为1.9 mm/min的室温环境下测试抗弯强度和弹性模量。重复测试6次。

根据GB/T 1043.1-2008[42]，将制备好的PWF/HDPE复合材料锯成80 mm × 10 mm × 4 mm的样条，利用XJC-25系列表盘式悬简组合冲击试验机，摆锤能量选择2 J，在跨距为62 mm、冲击速度为2.9 m/s的室温环境下进行简支梁摆锤冲击试验。重复测试8次。

参照ASTM 2990-09[43]，利用实验室自制的蠕变仪，在湿度为55%～65%的室温条件下，采用三点弯曲的加载方式（跨距为64 mm）对尺寸为100 mm × 40 mm × 4 mm的木塑试样施加50 N的恒力，利用最小刻度为0.01 mm、量程为50 mm的千分表测得试样的几何中心在不同时刻沿力的方向上的弯曲挠度作为材料的形变。载荷作用24 h后，卸下载荷，让试件自由回复24 h，观察并记录千分表的读数，每组试样读数47次，读数时间分别为：加载前，加载后1 s、5 s、10 s、20 s、30 s、40 s、50 s、1 min、2 min、4 min、6 min、8 min、10 min、12 min、30 min、40 min、50 min、1 h、2 h、4 h、5 h、20 h和24 h和卸载后的1 s、5 s、10 s、20 s、30 s、40 s、50 s、1 min、2 min、4 min、6 min、8 min、10 min、12 min、30 min、40 min、50 min、1 h、2 h、4 h、5 h、20 h和24 h。重复试验3次。

参照24 h蠕变测试方法，延长蠕变时间至1000 h，每组试样读数35次，读数时间分别为：加载前，加载后5 s、1 min、2 min、4 min、6 min、8 min、10 min、12 min、30 min、40 min、50 min、1 h、2 h、4 h、5 h、20 h、24 h、35 h、50 h、80 h、100 h、140 h、179 h、190 h、275 h、285 h、380 h、480 h、600 h、720 h、840 h、960 h、995 h和1000 h。重复试验3次。

两参数指数模型公式为：

$$\varepsilon(t) = at^{b} \ (0 \leqslant t \leqslant 86400 \ \text{s})$$

Findley指数模型的公式为：

$$\varepsilon(t) = a + bt^{c} \ (0 \leqslant t \leqslant 86400 \ \text{s})$$

以上两式中，t表示时间，$\varepsilon(t)$表示t时刻材料的应变。

四元件Burgers模型的公式为：

$$\varepsilon(t) = \frac{\sigma}{E_1} + \frac{\sigma}{E_2}\left[1 - \exp\left(-t\frac{E_2}{\eta_2}\right)\right] + \frac{\sigma}{\eta_1}t$$

式中：t表示时间$(0 \leqslant t \leqslant 86400 \ \text{s})$，$\varepsilon(t)$表示$t$时刻材料的应变。$E_1$表示瞬时弹性模量，$E_2$表示延时（黏弹性）弹性模量，$\eta_1$表示黏弹性系数，$\eta_2$表示黏性系数。

分别将以上的三种模型应用于850～2000 μm PWF/HDPE复合材料的24 h蠕变性能，并对比拟合效果。

由弯曲力学性能测试和无缺口悬臂梁冲击强度测试结果得到850～2000 μm PWF/HDPE复合材料的弯曲强度为21.14 MPa，弹性模量为2.31 GPa。无缺口悬臂梁冲击强度为6.77 kJ/m^2。

PWF/HDPE复合材料的24 h蠕变部分分为初始阶段和第二阶段。初始阶段速率递减，反映出材料在受力过程中的稳定性，材料在该阶段产生可回复的弹性形变；第二阶段可视为过渡阶段，材料在该阶段的形变速率几乎恒定，形变曲线呈线性，该阶段的形变与时间相关，包括可回复黏弹性形变和永久不可回复的黏性形变。一般情况下，材料的蠕变还应含有应力-应变曲线向上剧增的第三阶段（终了阶段），该阶段的形变速率由于材料即将破坏而呈现递增的趋势。但由于本实验设计的50 N载荷未能使试件断裂，也未出现第三阶段，更未引起整个试验台的振动，保证了所有试件测试稳定性和数据的真实性。850～2000 μm PWF/HDPE复合材料的24 h形变仅为0.803 mm。

PWF/HDPE复合材料的24 h回复也分为初始阶段和第二阶段。初始阶段回复速率递减，材料瞬时完成弹性回复；第二阶段因为回复速率几乎恒定，应力-应变曲线呈线性，该阶段回复了蠕变第二阶段产生的黏弹性形变。850～2000 μm PWF/HDPE复合材料的24 h回复率为78.46%。

将850～2000 μm PWF/HDPE复合材料进行50 N载荷1000 h的蠕变实验，结果发现，即使将蠕变载荷作用时间延长至1000 h，50 N的载荷仍不足以使制备的PWF/HDPE复合材料发生破坏，所以1000 h蠕变曲线依然仅由初始阶段和第二阶段两部分组成，1000 h形变为仅为0.809 mm。课题组也曾对板坯铺装模压成型法制备的125～180 μm、180～425 μm、425～850 μm、180～850 μm和125～2000 μm PWF/HDPE复合材料进行了50 N载荷下的1000 h蠕变实验，850～2000 μm PWF/HDPE复合材料的1000 h形变仅为平均值的57.68%。可见，增加纤维的长度对于提高材料抗蠕变性能起到了很好的作用。

850～2000 μm PWF/HDPE复合材料在经过24 h和1000 h蠕变实验后，弯曲强度值分别保留了93.55%和72.35%，而弯曲弹性模量反而分别增大8.95%和10.67%，原因在于材料在蠕变过程中发生了不可回复的黏性形变，导致其在力学测试时受力过程中形变减小，因此弹性模量增大，这种现象类似于钢材在重复荷载下发生的冷作时效。虽然PWF/HDPE复合材料的弹性模量有所提高，但是其塑性依然有所降低。

利用两参数指数模型、Findley指数模型和四元件Burgers模型拟合24 h蠕变曲线。

将三个蠕变模型的预测值与实验值比较，并计算模型值与实验值之间随机误差值（The sum of squared error，SSE），计算公式为：

$$SSE = \sum_{i=1}^{3} (\sigma_1^i - \sigma_2^i)^2$$

式中，σ_1表示的是模型值，σ_2是实验值，i表示的是实验重复次数。随机误差值反映了模型的拟合程度，随机误差值越小，表示预测值越接近实验值，模型拟合效果好。

两参数指数模型 $\varepsilon(t) = at^b$ 中，a的拟合值为2.170×10^{-3}，b的拟合值为8.125×10^{-2}，随机误差值为2.532×10^{-7}。

Findley指数模型 $\varepsilon(t) = a + bt^c$，$a$的拟合值为$1.510\times10^{-3}$，$b$的拟合值为$5.547\times10^{-4}$，$c$的拟合值为$3.149\times10^{-1}$，随机误差值为$8.204\times10^{-9}$。

四元件Burgers模型中，瞬时弹性模量E_1为2.16×10^3 MPa，延时弹性模量E_2为1.10×10^4 MPa，黏弹性系数η_1为1.68×10^8Pa · s，黏性系数η_2为8.24×10^6 Pa · s，随机误差值为6.87×10^{-16}。

通过比较三个蠕变模型的随机误差值发现，两参数指数模型拟合得最差，Findley指数模型拟合效果一般，而四元件Burgers模型的系数误差值最小，拟合蠕变曲线的效果更好。

可见：四元件Burgers模型是描述PWF/HDPE复合材料的蠕变性能的既简单又准确的经典模型。由四元件Burgers模型的公式可以明确材料蠕变的三个组成部分：σ/E_1代表了弹性形变；$\sigma t/\eta_1$代表了蠕变的黏性形变；而$[1-\exp(-tE_2/\eta_2)]\sigma/E_2$则代表了黏弹性形变。该模型适用于蠕变的初始阶段和第二阶段，但并不适用于终了阶段和材料的破坏。

研究所得到的结论为：(1) 利用板坯铺装模压成型法制备的850～2000 μm杨木纤维（PWF）增强HDPE复合材料的弯曲强度为21.14 MPa，弹性模量为2.31GPa，无缺口冲击强度为6.77 kJ/m^2。(2) 在50 N弯曲载荷的作用下，PWF/ HDPE复合材料的24 h蠕变部分分为初始阶段和第二阶段，24 h形变为0.803 mm，24 h回复部分分为初始阶段和第二阶段，24 h回复率为78.46%。蠕变后弯曲强度下降了6.45%，而弹性模量增加了8.95%。(3)在50 N弯曲载荷的作用下，PWF/HDPE复合材料的1000 h蠕变为0.809 mm，蠕变后弯曲强度保留了72.35%，弹性模量增加了10.67%。(4) 在描述PWF/HDPE复合材料的蠕变性能方面，四元件Burgers模型的系数误差值最小，拟合蠕变曲线的效果更好；其次是Findley指数模型，两参数指数模型拟合得最差。

参考文献

[1] Rowell R M. Challenges in biomass-thermoplastic composites[J]. Journal of Polymers and the Environment, 2007, 15(4): 229-235.

[2] 王清文，王伟宏. 木塑复合材料与制品[M]. 北京：化学工业出版社，2007：11-15.

[3] Tamrakar Sandeep, Lopez-Anido Roberto A, Kiziltas Alper, et al. Time and temperature dependent response of a wood-polypropylene composite[J]. Composites Part A: Applied Science and Manufacturing, 2011, 42(7): 834-842.

[4] 王伟宏，曹岩，王清文. 木塑复合材料力学模型的研究进展[J]. 高分子材料科学与工程，2012，28(10)：179-182.

[5] Faruk O, Bledzki A K, Fink H P, Sain M. Biocomposites reinforced with natural fibers: 2000-2010[J]. Progress in Polymer Science, 2012, 37: 1552-1596.

[6] 李兰杰，刘得志，陈占勋. 木粉粒径对木塑复合材料性能的影响[J]. 现代塑料加工应用，2005，17(5)：21-24.

[7] Stark N M, Rowlands R E. Effects of wood fiber characteristics on mechanical properties of wood/polypropylene composites[J]. Wood Fiber Science, 2003, 35(2): 167-174.

[8] Stark N M, Berger M J. Effect of particle size on properties of wood-flour reinforced polypropylene composites[C]. In: Fourth

international conference on wood fiber-plastic composites. (Madison WI): Forest Product Society, 1997.

[9] Zaini M J, Fuad M Y A, Ismail Z, Mansor M S, Mustafah J. The effect of filler content and size on the mechanical properties of polypropylene/oil palm wood flour composites[J]. polymer international, 1996, 40(1): 51-55.

[10] Dikobe D G, Luyt A S. Effect of filler content and size on the properties of ethylene vinyl acetate copolymer-wood fiber comosites [J]. Journal of Applied Polymer Science, 2007, 3645-3654.

[11] Kalaprasad G, Joseph K, Thomas S, et al. Theoretical modelling of tensile properties of short sisal fibre-reinforced low-density polyethylene composites[J]. J. Mater. Sci. , 1997, 32(16): 4261-4267.

[12] Sebastien M, Ahmed K, Fouad E, et al. Application of micromechanical models to tensile properties of wood–plastic composites[J]. Wood. Sci. Technol., 2010, 45(3): 521-532.

[13] Beckermann G W, Pickering K L. Engineering and evaluation of hemp fibre reinforced polypropylene composites: micro-mechanics and strength prediction modelling[J]. Compos. Part A: Appl. Sci. Manuf. , 2009, 40(2): 210-217.

[14] Fukuda H, Chou T W. A probabilistic theory for the strength of short fibre composites[J]. J. Mater. Sci. , 1981, 16(4): 1088-1096.

[15] Fukuda H, Chou T W. A probabilistic theory of the strength of short-fibre composites with variable fibre length and orientation[J]. J. Mater. Sci. , 1982, 17(4): 1003-1011.

[16] Zhu Y T, Zong G, Manthiram A , et al. Strength analysis of random short-fibre-reinforced metal matrix composite materials[J].J. Mater. Sci., 1994, 29(23): 6281-6286.

[17] Rangaraj S S, Bhaduri S B. A modified rule-of-mixture for prediction

of tensile strengths of unidirectional fibre-reinforced composite materials[J]. J. Mater. Sci., 1994, 29(10): 2795-2800.

[18] Simonsen J. Efficiency of reinforcing materials in filled polymer composites[J]. Forest Prod. J., 1997, 47(1): 74-81.

[19] Doan T T L, Gao S L, Mader E. Jute/polypropylene composites I. Effect of matrix modification[J]. Compos. Sci. Technol., 2006, 66(7-8): 952-963.

[20] Hill R. Theory of mechanical properties of fibre-strengthened materials-III. self-consistent model[J].J. Mech. Phys. Solids, 1965, 13(4): 189-198.

[21] Lundquist L, Marque B, Hagstrand P O, et al. Novel pulp fibre reinforced thermoplastic composites[J]. Compos. Sci. Technol. , 2003, 63(1): 137-152.

[22] Bogren K M, Gamstedt E K, Neagu R C, et al. Dynamic-mechanical properties of wood-fiber reinforced polylactide: experimental characterization and micromechanical modeling[J].J. Thermoplas. Compos. Mater. , 2006, 19(6): 613-637.

[23] Facca A G, Kortschot M T, Yan N. Predicting the elastic modulus of natural fibre reinforced thermoplastics[J]. Compos. Part A: Appl. Sci. Manuf. , 2006, 37(10): 1660-1671.

[24] 张立群，金日光，耿海萍，等. 短纤维橡胶复合材料临界长径比数学模型研究[J]. 复合材料学报，1998, 15(3): 86-91.

[25] Kelly A , Tyson W R. Tensile properties of fibre-reinforced metals: Copper/tungsten and copper/molybdenum[J]. J. Mech. Phys. Solids, 1965, 13(6): 329-338.

[26] Galiotis C, Young R J, Batchelder D N. The study of model polydiacetylene/epoxy composites[J]. J. Mater. Sci., 1984, 19(11): 3640-3648.

[27] Monette L, Anderson M P, Ling S. Effect of modulus and cohesive energy on critical fiber length in fiber-reinforced composites[J]. J. Mater. Sci. ,1992, 27(16): 4393-4405.

[28] Fu S Y, Lauke B. Effects of fiber length and fiber orientation distributions on the tensile strength of short-fiber-reinforced polymers[J]. Compos. Sci. Technol., 1996, 56(10): 1179-1190.

[29] Pipes R B, Mccullough R L, Taggart G. Behavior of discontinuous fiber composites:Fiber orientation[J]. Polym. Compos., 1982, 3(1): 34-39.

[30] Sanadi A R, Rowell R M, Young R A. Evaluation of wood-thermoplastic- interphase shear strengths[J]. J. Mater. Sci., 1993, 28(23): 6347-6352.

[31] Garkhail S K, Heijenrath R W H, Peijs T. Mechanical properties of natural-fibre-mat-reinforced thermoplastics based on flax fibres and polypropylene[J]. Appl. Compos. Mater. , 2000, 7(5-6): 351-372.

[32] Joffe R, Andersons J, WallstroÈm L. Strength and adhesion characteristics of elementary flax fibres with different surface treatments[J]. Compos. Part A: Appl. Sci. Manuf. , 2003, 34(7): 603-612.

[33] Sanomura Y, Hayakawa K, Mizuno M. Effects of process conditions on Youngps modulus and strengt h of ext rudate in short-fiber-reinforced polypropylene [J]. Polym. Compos., 2007, 1002(10): 30-35.

[34] 王瑞，王春红．亚麻落麻纤维增强可降解复合材料的拉伸强度预测[J]．复合材料学报，2009，26（1）：43-47.

[35] Takao Y, Chou T W, Taya M. Effective longitudinal Young's modulus of misoriented short fiber composites[J]. J. Appl. Mech, 1982, 49(3): 536-540.

[36] Chen C H, Cheng C H. Effective elastic moduli of misoriented

short-fiber composites[J]. Int. J. Solids Struct., 1996, 33(17): 2519-2539.

[37] Hashin Z, Rosen B W. The elastic moduli of fiber-reinforced materials[J]. J. Appl. Mech. , 1964, 31(2): 223-232.

[38] Hashin Z. Analysis of properties of fiber composites with anisotropic constituents[J]. J. Appl. Mech. , 1979, 46(3): 543-550.

[39] Nairn J A. On the use of shear-lag methods for analysis of stress transfer in unidirectional composites[J]. Mech. Mater, 1997, 26(2): 63-80.

[40] Mendels D A, Leterrier Y, Manson J A E. Stress transfer model for single fibre and platelet composites[J]. J. Compos. Mater. , 1999, 33(16): 1525-1543.

[41] American Society of Testing Materials International. ASTM 790-03 Standard test methods for flexural properties of unreinforced and reinforced plastics and electrical insulating materials[S]. West Conshohocken: ASTM International, 2009.

[42] 中国国家标准化管理委员会. GB/T 1043.1-2008 塑料简支梁冲击性能测定 I: 非仪器化冲击试验[S]. 北京：中国标准出版社, 2008.

[43] American Society of Testing Materials International. ASTM 2990-09 Standard test methods for tensile, compressive, and flexural creep and creep-rupture of plastics [S]. West Conshohocken: ASTM International, 2009.

[44] 王伟宏，王晶晶，黄海兵，等. 纤维粒径对木塑复合材料抗老化性能的影响[J]. 高分子材料科学与工程, 2014, 30(5): 92-97.

[45] 黄海兵. 纤维大小对生物质纤维/塑料复合材料蠕变性能的影响[D]. 哈尔滨：东北林业大学，2012.

[46] 王春红，刘胜凯. 碱处理对竹纤维及竹纤维增强聚丙烯复合材料性能的影响[J]. 复合材料学报，2015，32（6）：683-690.

[47] 曹岩. 纤维尺寸及分布对 WPCs 力学性能的影响[D]. 哈尔滨：东北林业大学, 2013.

[48] 王春红，任子龙，李珊，等. 苎麻织物表面改性对其增强热固性聚乳酸复合材料力学及阻燃性能的影响[J]. 复合材料学报，2015, 32(2): 444-449.

[49] Sain M M, Balatineca Z J, Law S. Creep fatigue in engineered wood fiber and plastic compositions[J]. Journal of Applied Polymer Science, 2000, 77 (2): 260-268.

[50] Pulngern T, Padyenchean C, Rosarpitak V, et al. Flexural and creep strengthening for wood /PVC composite members using flat bar strips[J]. Mater Des, 2011, 32(6): 3137-3146.

[51] 周吓星，李大纲，吴正元. 环境因子对塑木地板蠕变性能影响研究[J]. 新建筑材料，2009，4:81-84.

[52] 蒋永涛，李大纲，吴正元，等. 稻壳/HDPE 木塑复合材料蠕变性能的研究[J]. 包装工程，2008，29（8）：4-6.

[53] Cao Y, Wang W H, Wang Q W, et al. Application of Mechanical Models to Flax Fiber/Wood Fiber/ Plastic Composites[J]. Bioresources, 2013, 8(3): 3276-3288.

[54] Cao Y, Wang W and Wang Q. Application of Mechanical Model for Natural Fibre reinforced polymer Composites[J]. Materials Research Innovations, 2014. 18(2): 354-357

展 望

林业产业对促进贵州省的经济发展有着十分重要的意义[1,2]。贵州省的林地面积约占本省国土总面积的一半，乔木林达到5 494 321公顷，占全省的林地面积的98.01%，而马尾松1 480 842.3公顷，杉木1 065 212.2公顷，分别占全省乔木林的26.95%和19.39%。随着林业产业的发展，林业废弃物的数量快速增加，贵州省主要森林采伐和加工树种——马尾松和杉木等，在加工过程中产生木屑、锯末和废料等剩余物的年产量极大，如此丰富的生物质资源除少量被作为低质燃料或原材料被粗放利用外，未得到充分的、合理的开发。随着全球资源短缺和环境危机的加剧，这种严重浪费生物质资源且造成环境污染的问题越来越受到人们的关注[3]。

基于林业废弃物纤维的质量轻、孔多、长径比大、比表面积大、弯曲和拉伸性能好等优良性能，将其用作增强材料，填充塑料材料制备木塑复合材料，既有助于解决林业废弃物资源利用问题，还能为解决贵州省每年大量废旧塑料随意丢弃造成严重的环境污染等问题提供一个有效的途径[4,5]。

WPCs兼有木材和塑料的优点，原料来源广、成本低，制备过程消耗较少的资源和能源，使用过程对生态和环境不造成污染，还可以循环利用，正是人们所追求的既“生态”又“环保”的新型环保功能材料[4]。目前，WPCs正在逐步替代天然木材和常用的塑料材料，已经被广泛地应用到室内家具及装饰、户外栈道、凉亭、座椅、包装制品、仓储制品、汽车内装饰、医院设施和公共卫生器具等众多领域[5-7]。

WPCs的性能受到木粉的种类[8-10]、形态[11,12]、特性[13]和含量[14,15]以及增强材料与基体材料的黏合度[16,17]等因素的影响。本项目申请人于2014年获得了国家自然科学基金委员会批准资助项目“贵州省优势木种纤维增强HDPE复合材料物理、力学和蠕变性能研究”（31460171）。主要研究内容为混杂纤维含量比对于WPCs的物理、力学和蠕变性能的影响，专家在项目评审意见中曾建议对该种WPCs的户外使用性能和耐老化性能开展研究。

的确，WPCs常用作建筑材料和户外栈道、凉亭、座椅、包装制品等，会长期暴露于自然环境中，它的应用范围和使用寿命都和使用环境有密切联系[18,19]，尤其在贵州这样气候特别的省份。贵州位于中国西南的东南部，地理坐标介于东经103°36′～109°35′、北纬24°37′～29°13′之间，属亚热带高原季风湿润气候，气候特点主要有以下四个方面：

（1）全省大部分地区气候温和宜人，冬无严寒，夏无酷暑。境内包括省中部、北部和西南部在内的占全省大部分地区，年平均气温在14～16 °C之间，而其余少数地区为10～19 °C。

（2）常年雨量充沛，降雨日数较多，相对湿度较大，全省各地多年平均年降水量大部分地区在1100～1300 mm之间，最多值接近1600 mm，最少值约为850 mm。

（3）光照条件较差，阴天多，日照少。全省大部分地区年日照时数在1200～1600 h之间，年日照时数比同纬度的我国东部地区少三分之一以上，是全国日照最少的地区之一。全省大部分地区的年相对湿度高达82%，而且不同季节之间的变幅较小。

（4）地处低纬山区，地势高低悬殊，天气气候特点在垂直方向差异较大，立体气候明显。

贵州省温和宜人的气候给WPCs的户外使用提供了有利的条件，但多雨湿润的天气不利于WPCs的性能保持，而且紫外光容易破坏WPCs中的天然木粉和合成高分子链，引发塑料的热氧化降解，使其变脆，影响其力学性能，同时使木粉产生大量自由基，从而降解，导致WPCs的力学性能下降、寿命缩短[20-22]。

研究表明，添加木粉使WPCs的光降解加速[23]，通过2000 h的老化，WPCs的弯曲模量和弯曲强度均降低[24]，表面氧化，颜色变浅并且木粉脱落[25]。2014年，国际竹藤中心的周吓星等人[26]利用注塑法制备竹粉/聚丙烯发泡复合材料，研究了氙灯加速老化对材料力学性能、材色和流变性能的影响。1200 h氙灯照射使竹粉/聚丙烯复合材料的弯曲强度、弯曲模量和缺口冲击强度分别降低了20.6%、31.7%和24.4%，产生49.0的色差和48.4的白度变化，模量和黏度下降，表面出现孔洞和裂缝，部分竹粉暴露在WPCs表面，WPCs发生了光氧化降解反应。同年，东北林业大学生物质材料科学与技术教育部重点实验室的王清文教授和王伟宏教授的课题组[27]研究了不同粒径杨木纤维/HDPE复合材料的抗紫外加速老化性能，研究表明2000 h的紫外加速老化使WPCs的抗弯强度和弹性模量最大分别降低18%和34%，但抗冲击性能有所增强，粒径大的杨木纤维/HDPE复合材料老化严重，表面氧化。2015年，西南林业大学的吴章康教授研究团队[28]研究了昆明与西双版纳两地180天自然气候老化对于橡胶木/红木粉/HDPE复合材料的表面颜色和力学性能的影响，发现高温暴晒导致木塑地板脆性增大，抗弯性能降低，紫外线照射使得WPCs表面褪色，降雨量增大提高WPCs的吸水率。

已有研究表明，增强木粉的种类对于WPCs的耐老化性能有重要的影响[29]。针对项目选取的马尾松和杉木纤维，内蒙古农业大学的王喜明教授和国际竹藤网络中心的费本华研究团队[30]，曾采用零距拉伸技术对杉木和马尾松的管胞的纵向抗拉强度和含水率以及热处理后的化学成分、结晶度、木材薄片的顺纹抗拉弹性模量等进行过细致的研究，结果表明，马尾松和杉木早材管胞纵向抗拉强度分别为461 MPa和499 MPa。中国林业科学院木材工业研究所的鲍甫成研究员和王正研究员[31]曾研究了马尾松、杉木及杨木与塑料复合界面的形成过程，研究表明，杉木的总表面自由能和非极性表面自由能数值较马尾松高，与塑料形成WPCs的界面结合强度高。以上研究结果为本书的研究提供了重要的参考依据。

笔者将在本研究的基础上，利用贵州省主要森林采伐和加工的树种马尾松和杉木纤维/HDPE复合材料，在极端环境下研究马尾松/杉木/HDPE复合材料耐老化性能以及循环加工“再生”材料的性能，并建立预测模型，指导适合在贵州省气候条件下使用的木塑产品的设计，为延长木塑复合材料的使用寿命、提高产品的使用安全性和循环利用率、拓宽其应用范围提供理论参考依据，有利于促进贵州省木塑复合材料产业的发展，并为木材加工废料和废弃塑料的循环利用提供有效的途径。

该研究以提高贵州省优势树种马尾松和杉木的木粉增强热塑性树脂复合材料的自然、加速和极端条件下的耐老化性能和循环利用率为目标，以马尾松和杉木两种木粉化学构成、形态、用量比例和木粉改性方法为重点，针对贵州省的气候特点，研究WPCs的户外、室内自然老化、实验室加速老化、极端条件下老化行为特点以及循环加工性能，从而优化配方，并确定循环加工工艺，形成实用技术，并利用数理手段，为预测WPCs的耐老化性能和“再生”材料各项性能提供准确适用的模型，目的是有效利用贵州省的乔木林资源优势，合理利用塑料废料，延长WPCs的使用寿命，提高产品的使用安全性和循环利用率，拓宽该种节能和环保材料的应用范围。

该研究拟解释的关键问题在于解决马尾松和杉木两种木粉的用量比对WPCs的户外和室内自然老化、实验室加速老化和极端条件下老化行为的影响规律以及循环加工产生“再生”WPCs的物理、力学和蠕变性能特点；开发WPCs循环加工工艺，形成实用技术；筛选出可以均衡WPCs的物理、力学、蠕变和耐老化性能的配方；创建能够描述马尾松/杉木/HDPE复合材料耐老化性能和循环利用率的预测模型。

主要研究内容包括：

① 户外自然老化和室内自然老化对WPCs的物理、力学性能的影响：分别评估户外、室内自然老化对不同组分的马尾松/杉木/HDPE复合材料表面形态、颜色、密度、硬度、吸水率、弯曲、拉伸和冲击等物理、力学性能的影响。

研究目标为揭示马尾松和杉木两种木粉的化学构成、形态、用量比对WPCs户外、室内自然老化性能的影响规律，确定适合在贵州省的户外、室内使用的马尾松/杉木/HDPE复合材料的配方，指导木塑制品的设计。

拟解决的问题在于持续统计贵州省室内温湿度环境和户外天气情况，揭示太阳能、水、温度、臭氧、氧气、污染物、温湿度以及老化时间等多种因素对WPCs物理、力学性能影响规律。

② 实验室紫外加速老化和氙灯加速老化对WPCs的物理、力学性能

的影响：研究紫外加速老化和氙灯加速老化对不同组分的马尾松/杉木/HDPE复合材料表面形态、颜色、密度、硬度、吸水率等物理性能以及弯曲、拉伸和冲击等力学性能的影响。

研究目标为分别揭示紫外加速老化和氙灯加速老化对马尾松/杉木/HDPE复合材料物理、力学性能影响规律及两种木粉的用量比对其耐老化性的影响规律，确定耐老化性能好的配方。

拟解决的关键问题在于通过不断尝试调整加速老化程序，使加速老化作用与户外自然老化效果相符，真正借助短期加速老化处理模拟材料长期自然老化；解释两种木粉的化学构成、形态、用量比例的不同导致WPCs老化失效的规律，并找到受老化影响最小的配方。

③ 极端环境下老化对WPCs的物理、力学性能的影响：分别研究水浴环境、水热环境、干热环境、土壤环境、潮湿背光环境、油藏环境、盐藏环境、酸环境、碱环境和冻融循环环境老化对不同组分的马尾松/杉木/HDPE复合材料物理、力学性能的影响。

研究的目标在于揭示马尾松和杉木两种木粉的化学构成、形态、用量比对WPCs在极端条件下老化性能的影响规律，确定适合在各种极端环境中使用的马尾松/杉木/HDPE复合材料的配方，指导木塑制品的设计。

拟解决的问题在于揭示特殊条件下复合材料老化前后微观结构指标羰基指数、羟基指数、支化程度、断链程度、不饱和度变化趋势及晶体结构变化特点，进一步确定其老化行为，探究氧化产物的生成规律。

④ 调整循环加工工艺，评估“再生”WPCs物理、力学、蠕变和耐老化性能：按照马尾松和杉木的用量比分类回收试样，通过粉碎、造粒和挤出制备“再生”马尾松/杉木/HDPE复合材料，测试材料的表面形态、颜色、密度、硬度、吸水率等物理性能和弯曲、拉伸、冲击等力学性能以及蠕变性能和耐老化性能，并做对比分析。通过流变测试解材料加工特性，再反复调整工艺，制备性能优良的“再生”WPCs。

研究的目标为掌握循环加工前后WPCs的物理、力学和蠕变性能及耐老化性能差异；确定“再生”WPCs的加工工艺。

拟解决的关键问题在于解释循环加工对马尾松/杉木/HDPE复合材料性能的影响，并筛选出循环利用率高的配方。

⑤ 构建描述WPCs耐老化性能的预测模型：考查实验室紫外加速老化、氙灯加速老化、户外室内自然老化、极端环境老化和循环加工对马尾松/杉木/HDPE复合材料的物理和力学性能的影响，利用数理手段构建预测描述WPCs耐老化性能模型。

该研究的目标在于建立能够预测WPCs老化和循环加工后的物理、力学性能的模型，为指导木塑制品的设计并拓宽其应用范围提供参考依据。

拟解决的关键问题为探求户外/室内自然老化、实验室紫外/氙灯加速老化和极端环境老化的关系，利用短期实验与数理模型预测WPCs长期耐老化性能。

主要的研究方法、实验手段与关键技术分别如下：

① WPCs的制备，物理、力学、蠕变、流变与DMA测试。

方法和手段：将干燥的马尾松和杉木的木粉分别按照6/0、5/1、4/2、3/3、2/4、1/5和0/6的7种质量比混合作为增强材料，将其与HDPE以6/4的质量比在高速混合机中混合，挤出法制备7种马尾松/杉木/HDPE复合材料，利用体视显微镜观察其表面形态的差异，测试材料的密度、硬度、吸水率，利用万能力学实验机测试材料的弯曲、拉伸性能，利用冲击实验仪测试冲击性能，并对材料的冲击断面进行观察，分析马尾松和杉木的木粉用量对于WPCs力学性能和断裂形式的影响，以材料的弯曲极限的10%、20%和30%作为应力水平测试24 h蠕变-24 h回复性能。利用流变仪测试马尾松/杉木/HDPE复合材料加工性能，并对其进行DMA测试。

关键技术在于通过流变测试分析马尾松/杉木/HDPE复合材料的加工性能，通过DMA测试分析复合材料的黏弹性机理。

② 户外自然老化和室内自然老化对WPCs的物理、力学性能的影响。

方法和手段：将不同组分的马尾松/杉木木粉/HDPE复合材料试样，分别分组放在贵阳市花溪区贵州民族大学15栋教学楼楼顶和贵州省普通高等学校绿色节能材料特色重点实验室的材料物理实验室接受户外自然老化和室内自然老化，并随时记录当地每天天气情况和实验室内的温湿度，分别在老化达到3个月、6个月、9个月、12个月、15个月、18个月和24个月时取出试件进行物理性能和力学性能测试。

关键技术在于捕捉太阳能、水、温度、臭氧、氧气、污染物、室内温湿度以及老化时间等多种因素对WPCs性能的影响，通过主成分分析法和因子分析法找出关键影响因素。

③ 实验室紫外加速老化和氙灯加速老化对WPCs的物理、力学性能的影响。

方法和手段：将不同组分的马尾松/杉木/HDPE复合材料的试样分别分组放入紫外老化仪和氙灯加速老化箱进行加速老化处理。根据ASTM G154-2012 标准设定老化程序，紫外老化选用波长340nm的紫外灯，辐照强度为0.77W/m^2。连续照射102 min，再加18 min的喷淋为一个周期。氙灯老化连续照射102 min，分别再加18 min的喷淋为一个周期。在老化达到250 h、500 h、1500 h和2000 h时，分别取出试件进行表面形态、颜色、密度、硬度、吸水率等物理性能测试以及弯曲、拉伸和冲击等力学性能测试。

关键技术在于持续统计贵州省室内温湿度条件和户外天气情况，同时不断尝试调整加速老化程序，使加速老化作用与户外自然老化效果相符，真正借助短期加速老化处理模拟材料长期自然老化，并准确、快速地评估材料的长期耐老化性能。

④ 极端环境下的老化对WPCs的物理、力学性能的影响。

方法和手段：将不同组分的马尾松/杉木/HDPE复合材料的试样分别分组放入水浴环境、水热环境、干热环境、土壤环境、潮湿背光环境、油藏环境、盐藏环境、酸环境、碱环境和冻融循环环境下老化。在老化达到3个月、6个月、9个月、12个月、15个月、18个月和24个月时，分别取出试件进行表面形态、颜色、密度、硬度、吸水率等物理性能测试以及弯曲、拉伸和冲击等力学性能测试。

关键技术在于利用傅立叶红外光谱和X射线衍射技术分析复合材料老化前后微观结构指标羰基指数、羟基指数、支化程度、断链程度、不饱和度变化趋势及晶体结构变化特点，进一步确定其老化行为，并通过对氧化特征谱带洛伦兹分峰拟合，探究氧化产物的生成规律。

⑤ 调整循环加工工艺，分析“再生”WPCs物理、力学、蠕变和耐老化性能。

方法和手段：按照马尾松和杉木两种木粉含量分类回收测试试样、锯末和废料，通过粉碎机粉碎，双螺杆挤出机造粒，单螺杆挤出机挤出“再生”WPCs。利用体视显微镜观察材料表面形态，测试材料的密度、硬度和吸水率，利用万能力学实验机测试材料的弯曲、拉伸性能，利用冲击实验仪测试材料的无缺口冲击性能，利用扫描电子显微镜观察材料断面的微观结构和断裂形式。以材料的弯曲极限的10%、20%和30%作为应力水平测试24 h蠕变－24 h回复性能，分析马尾松和杉木的木粉用量比对“再生”WPCs蠕变性能的影响。并将“再生”试样分组进行户外、室内自然老化实验，在老化达到3个月、6个月、9个月和12个月时，取出试件进行物理性能和力学性能测试。通过流变测试了解材料加工特性，反复调整工艺，制备性能优良的“再生”WPCs。

关键技术在于在实验中准确捕捉材料重复制备过程对于材料各项性能的关键影响因素，适当调整循环加工的工艺，提高“再生”WPCs性能保持率。

⑥ 分析老化处理和再加工对WPCs物理、力学和蠕变性能的影响，建立预测模型。

方法和手段：利用数理软件对WPCs在户外、室内自然老化后及循环利用前、后的各项物理、力学性能值进行定量分析，分别以两种木粉的用量、老化时间为参数，创建描述WPCs耐老化性能的预测模型。

关键技术在于利用数理手段和计算机技术模拟马尾松/杉木/HDPE复合材料的老化性能，阐明两种木粉的形态和用量比以及老化时间对WPCs的物理、力学和蠕变性能的影响。

研究的特色在于以下两个方面：

① 从贵州省的林业特点和产业发展出发，开辟贵州省主要采伐和加工树种马尾松和杉木的木屑、锯末和废料的有效利用途径，帮助解决贵州省每年废旧塑料随意丢弃造成严重环境污染的问题。

② 考虑贵州省特殊的地理位置和特定的气候条件，对WPCs的户外、室内使用过程中的耐老化性能加以研究，延长WPCs的使用寿命，提高产品的使用安全性，真正为贵州省的木塑复合材料的产业发展提供一定的参考依据。

研究的创新之处在于以下四个方面：

① 尝试调整加速老化程序，使加速老化作用与户外自然老化效果相符，真正借助短期加速老化处理模拟材料长期老化，并准确评估复合材料的长期耐老化性能。

② 考察水浴环境、水热环境、干热环境、土壤环境、潮湿背光环境、油藏环境、盐藏环境、酸环境、碱环境和冻融循环环境等多种极端条件下，马尾松/杉木/HDPE复合材料的老化行为特点和老化规律。

③ 回收试样循环利用，加工“再生”WPCs，考察研究马尾松/杉木/HDPE复合材料的回收利用效率，有利于提高WPCs的循环利用率并拓宽其应用范围，也正符合人们所追求的既“生态”又“环保”的理念。

④ 利用数理软件对WPCs在户外、室内自然老化后及循环利用后的各项物理、力学性能值进行定量分析，分别以两种木粉的用量、老化时间为参数，创建描述这种混杂木粉增强聚合物复合材料的耐老化性能和循环利用率的预测模型。

另一方面，研究团队正在建设贵州省优势生物质材料（木、竹、茶等）的开发与利用实验室，设置5个研究方向，分别为：贵州省优势生物质纤维的改性；竹、木、茶塑复合材料的制备与检测；复合材料的性能模拟与计算；具有民族特色的木塑产品设计；木塑复合材料的回收利用与高效转化。

贵州省优势生物质材料（木、竹、茶等）的开发与利用实验室建设的目的和意义在于：随着农、林业产业的发展，农、林业废弃物的数量快速增加。贵州省木、竹、茶等主要生物质资源，在加工过程中产生废屑和废料等剩余物的年产量极大，如此丰富的生物质资源除少量被作为低质燃料或原材料被粗放利用外，未得到充分的、合理的开发。随着全球资源短缺和环境危机的加剧，这种严重浪费生物质资源且造成环境污染的问题越来越受到人们的关注。

为了有效利用贵州省优势生物质资源——木、竹、茶等的剩余加工废料和废旧塑料，将木、竹、茶等与热塑性树脂复合制备木、竹、茶增强热塑性树脂复合材料，并以提高木、竹、茶塑复合材料的物理性能、力学性能、抗蠕变性能、耐老化性能、循环利用率和能源转化率为目标，以木、竹、茶的纤维或者粉末的化学构成、形态、用量比例和改性方法为重点，研究木、竹、茶塑复合材料的物理性能、力学性能和抗蠕变性能，并针对贵州省的气候特点，研究该种复合材料的耐自然老化性能，以及实验室加速老化行为特点、在极端条件下（例如：水浴环境、水热环境、干热环境、土壤环境、潮湿背光环境、油藏环境、盐藏环境、酸环境、碱环境和冻融循环环境等）的耐老化性能和循环加工性能以及高效转化利用率，从而优化生物材料的结构和配方，并确定循环加工工艺，形成实用技术；利用数理手段，为预测木、竹、茶增强热塑性树脂复合材料的各项性能和“再生”材料的各项性能提供准确适用的模型，并实现典型应用，尝试在木、竹、茶塑产品中添加美学和民族元素，增强产品的艺术性，提高产品的观赏价值和纪念价值。

研究的目的是有效利用贵州省的生物质资源优势，合理利用废旧塑料，延长木、竹、茶增强热塑性树脂复合材料的使用寿命，提高产品的使用安全性和循环利用率，拓宽该种节能环保材料的应用范围，增强产品的艺术价值。更重要的是建立“生物质——生物质复合材料——生物质能源”产业链，通过生物质产业链条的叠加实现生物质资源利用效益的最大化，同时解决两个产业相互争夺原料的问题。

贵州省优势生物质材料（木、竹、茶等）的开发与利用实验室的建设对于教育的贡献也是显著的。贵州民族大学材料科学与工程学科于2016年7月获批为贵州民族大学重点学科。本学科有三个主要研究方向，分别为半导体薄膜材料及器件设计、新能源材料和材料复合与改性，其中材料复合与改性主要依靠贵州省优势生物质材料（木、竹、茶等）的开发和利用实验室作为支撑。具体内容为：将高分子基复合材料的研究与开发拓宽到陶瓷基复合材料，结合贵州省的气候特点和民族文化特色，进行材料设计、结构设计、工艺设计并开发先进复合材料及制品，培养具有扎实的基础理论和工程技术基础的复合材料研发、设计、管理等方面的高级工程技术人才。以高分子材料、高分子基复合材料和陶瓷基复合材料等为研究对象，从生物质增强材料的种类、性能及其在产品中可能发挥的作用出发，选用合适的原料，采用适当的制备工艺，加工具有良好的物理、力学、蠕变和老化性能的环保节能复合材料，可用作室内和室外地板、草坪甬道和露天连廊的户外板、花箱、树池、篱笆、垃圾桶、外墙装饰板、遮阳板、百叶窗条等装饰板、座凳、椅条、标志牌和宣传栏、立柱龙骨等结构材料、码头铺板等近水建筑、户外凉亭以及露天平台等。在此基础上，开展相应的基础应用研究，深入探讨影响复合材料各项性能的因素，优化配方，改进制备工艺，为生产具备优良工作特性、适应贵州省气候特点及使用环境，并能发挥贵州省民族文化特色的复合材料提供指导和解决方案。

贵州省优势生物质材料（木、竹、茶等）的开发与利用实验室的研究涉及材料科学与工程学科中的多个研究方向，与材料科学与工程专业的课程教学紧密相关。实验室的核心成员承担着《材料力学》《薄膜材料科学与技术》《环境材料学》《高分子化学》《高分子物理》《材料科学与工程基础》《高分子材料及应用》《环境土壤学》《环境科学原理》《固体物理》《阻燃材料学》《无机合成化学》《无机及分析化学》《无机化学》《化工原理》等多门专业课程和专业基础课程的教学工作，并承担6项省级和校级教改项目，且平均每年在本科毕业论文设计中指导本科生32人左右。实验室的建设能强化材料科学与工程专业的师资力量，促进材料科学与工程学科的发展，并且研究成果能反哺教学，这些都为材料科学与工程学科培养复合型人才和提高师资水平起到十分积极的作用。

贵州民族大学材料科学与工程学院的新材料研发平台分为结构材料和功能材料两个研发方向，其中结构材料研发包括生物质复合材料研发和无机非金属材料研发，而生物质复合材料研发也以贵州省优势生物质材料（木、竹、茶等）的开发和利用为重要支撑，研究目标为有效利用贵州省的森林资源优势，合理利用塑料废料，延长木塑复合材料的使用寿命，提高产品的使用安全性和循环利用率，拓宽该种节能和环保材料的应用范围。

另外，在贵州民族大学特色新材料创新研发团队建设中，贵州省优势生物质材料（木、竹、茶等）的开发和利用也是其中重要的一个研究方向，平均每年参加国际、国内学术会议10人次。

国家和地方发展也为实验室的建设起到了很好的支撑作用。中国共产党贵州省第十一届委员会第七次全体会议明确了贵州省推动绿色发展、建设生态文明的总体要求，强调坚持生态优先、绿色发展，坚持绿水青山就是金山银山，坚守发展和生态两条底线，大力发展绿色经济、打造绿色家园、完善绿色制度、筑牢绿色屏障、培育绿色文化，促进大生态与大扶贫、大数据、大旅游、大健康等融合发展，着力建设资源节约型、环境友好型社会，努力走出一条速度快、质量高、百姓富、生态美的绿色发展新路。近年来，贵州省大力推进生态文明建设，突出加强生态建设、调整产业结构、发展循环经济、全面深化改革这四个重点，加快建设生态文明先行示范区，走出了一条经济和生态“双赢”的路子。同时，这也对贵州省的农、林业发展提出了更多更高的要求，贵州现代农、林业建设也要开辟出一条具有特色和竞争力的道路，生态建设与经济共同发展。因地制宜，以贵州省特有优势品种对接农、林业市场，提高农、林产品的价值和附加值来激活贵州的农、林业市场是尤为重要的发展方向。

贵州省每年塑料类消费量也相当巨大，废旧塑料的随意丢弃造成严重的环境污染。因此，废物回收和资源化利用的任务相当艰巨，资源利用技术滞后于社会需求的矛盾十分突出。

因此，制备木、竹、茶等贵州省优势生物质资源增强聚合物复合材料，研究该种复合材料的物理性能、力学性能、抗蠕变性能、耐老化性能、回收利用率和高效转化利用率，不仅可以缓解环境污染问题，还可以将产品应用于户外地板、风景园林、外墙挂板、装饰材料等多个方面，有助于提高材料的附加值，增加艺术价值，建立“生物质——生物质复合材料——生物质能源”产业链，创造良好的经济效益。同时，新技术的应用还会带来更多的就业机会，具有良好的社会效益。

贵州省优势生物质材料（木、竹、茶等）的开发与利用实验室现有的研究工作基础也比较雄厚。贵州民族大学材料科学与工程学院拥有使用面积4000多平方米的实验中心。建立了基础化学实验室、材料结构与性能实验室、材料物理实验室、生物质复合材料制备与加工实验室、稀土功能材料实验室，形成了材料结构与性能评价实验研究平台和纳米材料与技术、新型功能材料、生物质复合材料、稀土功能材料实验室4个特色方向研究室。目前大部分设备已完成安装调试，投入正常运行，为新材料的研究和开发提供了基础保障。

此外，贵州民族大学美术学院陶瓷实验室，面积约1000平方米，陶瓷设备齐全，可以为陶瓷材料和陶瓷产品开发提供实验保障。

贵州民族大学材料科学与工程学院拥有团队人才培养和科研的仪器设备，其中包括单螺杆挤出机、双螺杆挤出机、注塑机、热压机、微机控制电子万能试验机、X射线衍射仪、扫描探针显微镜、Raman光谱仪、热重分析仪、荧光分光光度计、傅立叶红外光谱分析仪、比表面积及孔径测试仪等大型、精密、贵重仪器设备。实验还可在东北林业大学生物质材料科学与技术教育部重点实验室进行,具备研究所需主要仪器设备。

研究团队近5年承担课题21项，其中国家级1项，省部级10项，市厅级10项，发表50篇相关文章，出版专著1部，申请专利23项，已授权的有18项。

① 近5年团队承担课题：

[1] 贵州省优势木种纤维增强HDPE复合材料物理、力学和蠕变性能研究（31460171），国家自然科学基金. 主持人：曹岩

[2] Si基上直接制备直接迁移型Ca2Si或Ca5Si3膜的工艺研究(210200)，教育部科学技术研究重点项目. 主持人：杨吟野

[3] 老化对马尾松、杉木纤维增强HDPE复合材料基础（物理）、力学性能的影响（黔科合J字[2015]2075号），贵州省科技厅，主持人：曹岩

[4] Ca2Ge电子体系中d态电子诱导的光电特性及调控机理研究（黔科合LH字[2016]7077），贵州省科技厅，主持人：岑伟富

[5] 木纤维/聚乙烯复合材料的紫外老化降解研究（黔科合LH字[2014]7389号），贵州省科技厅，主持人：高华

[6] 环境友好型环三磷腈衍生物阻燃剂的合成、结构鉴定及热稳定性能研究，贵州省科技厅，主持人：宝冬梅

[7] 碳酸盐岩石发育土壤厚度对喀斯特地区植被恢复的影响（黔科合LH字[2014]7382）贵州省科技厅，主持人：周玮

[8] 施肥对马尾松根系及根际营养物质的影响（黔科合字[2010]2133）贵州省科技厅，主持人：周玮

[9] 磷系新型功能材料磷腈的制备与性能研究（黔科合J字[2011]2074号）贵州省科技厅，主持人：宝冬梅

[10] Si基上直接制备直接迁移型Ca2Si或Ca5Si3膜的工艺研究（黔科合JKM[2011]30），贵州省科技厅，主持人：杨吟野

[11] 基于隧道效应的TiO2多层薄膜的制备与光电特性研究（LKM[2012]24），贵州省科技厅，主持人：罗胜耘

[12] Fe2Ge电磁特性的应变调控机理研究（黔教合KY字[2016]166），贵州省教育厅，岑伟富

[13] 环境半导体材料Ca5Si3膜的制备及长时间退火对高挥性元素Ca形成Ca5Si3的影响（黔省专合字[2011]74），贵州省教育厅，主持人：杨吟野

[14] 基于CDIO的模拟电子技术项目模块教学法的改革与实践（20161111045）,贵州省教育厅，主持人：罗胜耘

[15] Ca-Si化合物中直接迁移型环境半导体材料的制备（筑科合同[2011]5-12号）,贵阳市科技局，主持人：杨吟野

[16] 光催化材料TiO2薄膜多元掺杂制备（筑科合同[2012205]6-12），贵阳市科技局，主持人：罗胜耘

[17] 纤维尺寸对挤出成型的WPCs性能的影响（校引才科研2014（07）号），贵州民族大学，主持人：曹岩

[18] 土壤养分对马尾松苗木生长的影响及调控机制（校引科研2014（03号）），贵州民族大学，主持人：周玮

[19] 速度因子对木塑复合材料弯曲性能的影响（校科研2014（55）号），贵州民族大学，主持人：徐海龙

[20] 杉木/HDPE复合材料老化研究（15XBS020），贵州民族大学，指导教师：曹岩

[21] 马尾松/HDPE复合材料老化研究（15XBSZ019），贵州民族大学，指导教师：曹岩

② 近5年团队发表的文章：

[1] Yan Cao, Weihong Wang, Qingwen Wang, et al. Application of mechanical models to flax Fiber/wood flour/plastic composites[J]. Bio-resources, 2013, 8(3): 3276-3288.

[2] Hua Gao, Yanjun Xie, Rongxian Ou, et al. Grafting effects of polypropylene/polyethylene blends with maleic anhydride on the properties of the resulting wood–plastic composites[J]. Composites: Part A, 2012, 43: 150-157.

[3] Yan Cao, Weihong Wang, Qingwen Wang. Application of Mechanical Model for Natural Fibre reinforced polymer Composites, Materials. Research Innovations, 2014.18(2): 354-357.

[4] 曹岩，王伟宏，王海刚，等. 制备方法对木塑复合材料弯曲性能的影响[J]. 复合材料学报，2013，30(12)：311-314.

[5] 曹岩，徐海龙，王伟宏，等. 模压成型的杨木纤维增强高密度聚乙烯复合材料蠕变性能和蠕变模型[J]. 复合材料学报，2016，33(6)：1174-1178.

[6] Yan Cao, Weihong Wang*, Hailong Xu, Qingwen Wang, Flexural and Creep Performances of Wood Fiber Reinforced Polymer Composite, Materials Science Forum, 2016, 850: 91-95.

[7] 徐海龙，曹岩，王伟宏，等. 杨木纤维尺寸对热压成型杨木纤维增强高密度聚乙烯复合材料力学和蠕变性能的影响[J]. 复合材料学报，2016，33（6）：1168-1173.

[8] 曹岩，徐海龙，郝建秀，等. 贵州省马尾松和杉木纤维增强高密

度聚乙烯复合材料[J]. 东北林业大学学报，2017，45（6）：67-72，78.

[9] Hailong Xu, Yan Cao*, Weihong Wang, Qingwen Wang, Creep Model of Natural Fiber Reinforced Polymer Composite, Materials Science Forum, 2016, 850: 86-90.

[10] 曹岩，徐海龙，王伟宏，等. 杉木纤维增强复合材料的研究[A]. Proceedings of the 11th China-Japan Joint Conference on Composite Materials, 2014, (10)18.

[11] 徐海龙，曹岩，王伟宏，等. 木塑复合材料线性有效模量预测的近似方法[A]. Proceedings of the 11th China-Japan Joint Conference on Composite Materials, 2014, (10)18.

[12] 曹岩. 纤维尺寸及分布对WPCs力学性能的影响[M]. 成都：西南交通大学出版社，2016.

[13] 王伟宏，曹岩，王清文. 木塑复合材料力学模型的研究进展[J]. 高分子材料科学与工程, 2012,10:179-182.

[14] Dongmei Bao, JiPing Liu and Xiangyang Hao, Effect on flame retardancy and mechanical properties of PA6 nanocomposites with addition of OMMT and PFR， 4th International Conference on Manufacturing Science and Engineering(ICMSE2013), Advanced Materials Research(Accession number: 20133016540747).

[15] Dongmei Bao, JiPing Liu, Daming Ban and Xiangyang.Hao, Preparation, Flame Retardancy

and Mechanical Properties of OMMT/PFR/PA66 Nanocomposite, 10th International Bhurban

Conference on Applied Sciences & Technology，Islamabad, Pakistan, January 15-19, 2013.

[16] 宝冬梅，刘吉平，谢兵，等. 六苯氧基环三磷腈的合成及其热稳定性研究[J]. 功能材料，2016，47(5).

[17] 宝冬梅，刘吉平. 六对醛基苯氧基环三磷腈的合成及其热性能研究[J]. 功能材料，2013，44(3).

[18] 宝冬梅，刘吉平. 六氯环三磷腈的合成与精制研究[J]. 功能材料，2012，43(14).

[19] 宝冬梅，刘吉平. 六氯环三磷腈的合成与阻燃应用研究进展[J]. 材料导报，2012, 26(3).

[20] 宝冬梅，刘吉平. 聚磷腈材料在航空航天及军工领域的应用研究[J].中国塑料，2012，26(4).

[21] 宝冬梅，曹可名，肖寒，等. 环境友好型锂离子电池正极材料LiFePO4的制备方法研究[J]. 材料导报，2012，26(8).

[22] Guoyong Zhou,, Yongmin Xu, (Co-first Author), Meiwan Chen, Du Cheng*, Xintao Shuai*. Tumor-penetrating peptide modified and pH-sensitive polyplexes for tumor targeted siRNA delivery[J].Polym. Chem., 2016, 23(7): 3857-3863.（已被Sudipta Panja, Goutam Dey, Rashmi Bharti, Pijush Mandal, Mahitosh Mandal, and Santanu Chattopadhyay. Metal Ion Ornamented Ultrafast Light-Sensitive Nanogel for Potential in Vivo Cancer Therapy. Chem. Mater., 2016, 28 (23), 8598–8610引用）

[23] 周国永，曾一文，黄志强，汤泉，成琳. 碳酸氢铵-氨水-草酸共沉淀法制备微米稀土CeO2工艺的研究[J].化工新型材料，2012，40(9): 138-140.

[24] 周国永，曾一文，黄志强，汤泉，成琳. P(BA-FA)原位聚合法改性重质碳酸钙微粒的研究[J]. 无机盐工业，2013，45 (4):19-21.

[25] 周国永，曾一文，李伦满，汤泉. MA-BA-BMA三元共聚物改性重钙粉体的研究[J]. 无机盐工业，2014, 46(3): 26-31.

[26] 周国永，曾一文，黄志强，汤泉，成琳. P（BA-FA）原位聚合法改性重质碳酸钙微粒的研究[J].无机盐工业,2014,45(4):18-22.

[27] 周国永,曾一文,罗杨合.溶胶-凝胶法制备稀土Er3+-Yb3+掺杂CaTiO3上转化绿红光材料的研究(英文)[J].暨南大学学报,2014, 35(2): 130-135.

[28] 周玮,周运超,叶立鹏.中龄林马尾松细根固土作用的调控[J].中南林业科技大学学报,2015,35(1):18-21.

[29] 周玮，周运超. 施肥对马尾幼苗及根际环境的影响[J]. 中南林业科技大学学报，2012，32(7): 19-23.

[30] 周玮，周运超，叶立鹏. 种植密度及土壤养分对马尾松苗木根系的影响[J]. 中南林业科技大学学报，2014，34(11)：18-22.

[31] 周玮，周运超. 马尾松幼苗根际土壤对施肥的响应[J]. 浙江林业科技,2014,34(1):33-37.

[32] 周玮，姜霞，李从瑞. 磷肥对马尾松幼苗营养元素吸收的影响[J].贵州林业科技，2013，41(4)：10-13.

[33] 周玮. 磷肥对马尾松苗木生长动态的影响[J]. 湖北农业科学，2014，53(17):4092-4095.

[34] 杨吟野，岑伟富.（110）应变对立方相Ca2P0.25Si0.75能带结构及光学性质的影响[J]. 原子与分子物理学报，2015，（12）.

[35] 杨吟野，岑伟富.（001）应变对正交相Ca2P0.25Si0.75能带结构及光学性质影响的理论研究[J]. 材料科学与工艺，2015，（6）.

[36] 杨吟野，岑伟富.（111）应变对正交相Ca2P0.25Si0.75能带结构及光学性质影响的理论研究[J]. 分子科学学报，2015，（4）.

[37] Yang Yinye, Cen Weifu. The effect of (110) strain on the Energy band structure and Optical properties of the simple orthorhombic Ca2P0.25Si0.75 bulk[J]. Journal of Alloys and Compounds, 2015, (4).

[38] 杨吟野，岑伟富.（100）应变对立方相Ca2P0. 25Si0.75光电学特性的影响[J]. 半导体技术，2014，（9）.

[39] 杨吟野，岑伟富. P掺杂正交相Ca_2Si电子结构及光学性质的第一性原理计算[J]. 光子学报，2014，（8）.

[40] 杨吟野，岑伟富. (111)应变对立方相$Ca_2P0.25Si0.75$能带结构及光学性质的影响[J]. 激光与光电子学进展，2014，（8）.

[41] 杨吟野，岑伟富. Ca2PxSi1-x能带结构及光学性质的第一性原理计算[J]. 固体电子学研究与进展，2014，（6）.

[42] 杨吟野，岑伟富.（100）应变对正交相Ca2P0.25Si0.75能带结构及光学性质的影响[J]. 信息记录材料，2014，（6）.

[43] Yang Yinye, Cen Weifu. Selective Growth of Ca2Si Film or Ca5Si3 Film in Ca-Si System by R.F MS by Annealing[J]. 3 M-NANO, 2012, (9).

[44] Yang Yinye, Cen Weifu.Ca2Si Crystal Grown Selectively by the Low Temperature Annealing[J]. Applied Mechanics and Materials, 2011, (10).

[45] Yang Yinye, Cen Weifu. The Effect on the Electric Structure and Optical Properties of Ca2Ge Bulk with Sr-Doping[J]. Journal of Materials Science and Chemical Engineering, 2017, (2).

[46] Yang Yinye, Cen Weifu. The Effect on the Electric Structure and Optical Properties of Ca2Ge Bulk with Sr-Doping[J]. Journal of Materials Science and Chemical Engineering，2016, 11(4): 20-26.

[47] Luo Shengyun. Direction-regulated Electric Field Implanted in Multilayer Mo-TiO2 Films and Its Contribution to Photocatalytic Property[J]. Superlattices and Microstructures, 2014.

[48] Luo Shengyun. Intense photocurrent in Mo-doped TiO2 films with depletion layer arrays[J]. ACS Appl. Mater. Interfaces. 2014.

[49] Luo Shengyun. Enhanced Photocatalytic Activity of C-TiO2 Thin Films Prepared by Magnetron Sputtering and Post-carbon Ion Implantation[J]. Journal of Wuhan University of Technology, 2015.

[50] Luo Shengyun. Enhancement of photoelectric and photocatalytic activities: Mo doped TiO2 thin films deposited by sputtering[J]. Thin Solid Films, 2012.

③ 近5年团队获得授权的专利（11项）：

[1] 一种多功能刺激敏感型聚合物-纳米金笼载体及其制备方法.

[2] 一种重质碳酸钙粉体表面改性方法.

[3] 一种木质材料浸水老化试验架.

[4] 一种木质材料自然老化试验架.

[5] 一种硅化钙制备加热系统的数字开环式温度补偿装置.

[6] 一种硅化钙制备加热系统的模拟闭环式温度补偿装置.

[7] 一种对称单变换型射频功率放大器.

[8] 一种集成对称型射频功率放大器.

[9] 一种用两步法制备掺碳TiO2薄膜的方法.

[10] 基于隧道效应的TiO2多层薄膜的制备与光电特性研究.

[11] 光催化材料TiO2薄膜多元掺杂制备及其光电特性研究.

[12] 一种可防风雨和暴晒的叠层木塑花箱.

[13] 一种多功能木塑化妆品收纳座.

[14] 一种木质材料浸水蠕变试验架.

[15] 一种木塑花箱门.

[16] 一种五角星形木塑花箱椅.

[17] 一种木塑花箱台阶.

[18] 一种木塑花箱台.

④ 近5年团队出版的专著:

曹岩. 纤维尺寸及分布对WPCs力学性能的影响. 成都: 西南交通大学出版社, 2016.

贵州省优势生物质材料(木、竹、茶等)的开发与利用实验室在科研用房、仪器设备、配套设施等方面已具备的条件:研究的团队具有了完成该研究目标的能力和一定的研究基础,实验室具备完成该研究的实验条件,可以实现本研究的预期目标。

工作条件:实验主要在贵州民族大学材料科学与工程学院进行。贵州民族大学材料科学与工程学院拥有使用面积4000多平方米的实验中心。目前,材料科学与工程专业与本研究方向相关的实验室有:基础化学实验室、材料结构与性能实验室、材料物理实验室、生物质复合材料制备与加工实验室,形成了材料结构与性能评价实验研究平台和纳米材料与技术、新型功能材料、生物质复合材料、稀土功能材料实验室4个特色方向研究室。目前大部分设备已完成安装调试,投入正常运行,为新材料的研究和开发提供基础保障。个别测试实验可在东北林业大学生物质材料科学与技术教育部重点实验室进行,基本具备研究所需主要仪器设备。

贵州民族大学材料科学与工程学院将根据专业发展需求，在现有科研、教学设备的基础上，进一步建成与专业实践教学相适应的若干个实验室和实训室，形成完善的实验、实训体系。目前，正在购置紫外老化试验机和氙灯老化试验机。

贵州省优势生物质材料（木、竹、茶等）的开发与利用实验室的科研队伍状况及培养人才的能力较强。贵州省人力资源和社会保障厅在2010年发布了包括能源产业、原材料产业、航空航天产业等“贵州省部分重点行业、产业2010年度人才需求表”，该人才需求表显示包括材料科学与工程、电子科学与技术等在内的数十个高新技术专业为贵州省最为紧缺的人才专业。本实验室着力培养材料科学与工程专业的优秀人才和师资力量，成为我校的重要任务之一，加强基础研究和应用研究，促进科研成果转化，提升社会服务能力。这也将有助于解决贵州省最为紧缺的人才需求问题。

本研究团队总人数为21人，从职称分布上看：正高职称的人数为3人，副高职称的人数为7人，中级职称人数为9人，初级职称人数为2人；从学历分布上看：具有博士学位的教师有13人，硕士学位的7人；从研究领域方面看：5个研究方向（贵州省优势生物质纤维的改性、竹、木、茶塑复合材料的制备与检测、复合材料的性能模拟与计算、具有民族特色的木塑产品设计、木塑复合材料的回收利用与高效转化）各有教师4-5人，每个方向具有方向负责人1人、骨干1人、后备人才1人和成员1人；从年龄构成上来看：80后的青年教师有17人，占总人数80.95%。

研究团队的核心成员具有较丰富的木材原料功能改性和高值化利用、WPCs加工测试、增强设计与无损检测以及数学建模的研究经验，研究团队近5年承担课题21项，其中国家级1项，省部级10项，市厅级10项，发表50篇相关文章，出版专著1部，申请专利23项，其中已授权的有18项。

在师资力量的培养上，本实验室在技术队伍和组织建设中有相应的实验师和管理人员，近几年还在不断引进实验技术人员，同时每年引进相关高级专业人员2-3人。我们长期以来始终坚持教学和科研工作并重，现已形成稳定而具有特色的专业研究方向，并取得了丰硕的教学科研成果。

可以说，我们是一支年龄结构、学历结构、职称结构、学缘结构均较为合理的，富有创新精神、奉献精神、协作精神、充满活力、结构稳定的队伍。

贵州省优势生物质材料（木、竹、茶等）的开发与利用实验室研究方向和主要研究内容是提高木、竹、茶塑复合材料的物理性能、力学性能、抗蠕变性能、耐老化性能、循环利用率和能源转化率为目标，以木、竹、茶的纤维或者粉末的化学构成、形态、用量比例和改性方法为重点，研究木、竹、茶塑复合材料的物理性能、力学性能和抗蠕变性能，并针对贵州省的气候特点，研究该种复合材料的耐自然老化性能，以及实验室加速老化行为特点、在极端条件下（例如：水浴环境、水热环境、干热环境、土壤环境、潮湿背光环境、油藏环境、盐藏环境、酸环境、碱环境和冻融循环环境等）的耐老化性能和循环加工性能以及高效转化利用率，从而优化生物材料的结构和配方，并确定循环加工工艺，形成实用技术，利用数理手段，为预测木、竹、茶增强热塑性树脂复合材料的各项性能和“再生”材料的各项性能提供准确适用的模型，并实现典型应用，尝试在木、竹、茶塑产品中添加美学和民族元素，增强产品的艺术性、提高产品的观赏价值和纪念价值。

研究的目的是有效利用贵州省的生物质资源优势，合理利用废旧塑，延长木、竹、茶增强热塑性树脂复合材料的使用寿命，提高产品的使用安全性和循环利用率，拓宽该种节能和环保材料的应用范围，增强产品的艺术价值。

贵州省优势生物质材料（木、竹、茶等）的开发与利用实验室的研究分为以下5个方向：

方向1：贵州省优势生物质纤维的改性。该方向的研究特色和创新点在于：从贵州省的农、林业特点和产业发展出发，开辟贵州省主要的优势资源——木、竹、茶的废屑和废料的有效利用途径，又能帮助解决贵州省每年废旧塑料随意丢弃造成严重环境污染的问题。

方向2：竹、木、茶塑复合材料的制备与检测。本研究方向的特色和创新点在于：①考虑贵州省特殊的地理位置和特定的气候条件，对WPCs的户外、室内使用过程中的耐老化性能加以研究，延长WPCs的使用寿命，提高产品的使用安全性，真正为贵州省的木塑复合材料的产业发展提供一定的参考依据。② 尝试调整加速老化程序，使加速老化作用与户外自然老化效果相符，真正借助短期加速老化处理模拟材料长期老化，并准确评估复合材料的长期耐老化性能。

方向3：复合材料的性能模拟与计算。本研究方向的特色和创新点在于：① 考察水浴环境、水热环境、干热环境、土壤环境、潮湿背光环境、油藏环境、盐藏环境、酸环境、碱环境和冻融循环环境等多种极端条件下，木、竹、茶塑复合材料的老化行为特点和老化规律。② 利用数理软件对WPCs在户外、室内自然老化后及循环利用后的各项物理、力学性能值进行定量分析，分别以生物质纤维或者粉末的用量、老化时间为参数，创建描述这种生物质纤维或粉末增强聚合物复合材料的耐老化性能和循环利用率的预测模型。

方向4：具有民族特色的木塑产品设计。该研究方向的特色和创新点在于：① 在WPCs产品中加入美学元素和民族特色，提高产品的观赏性和艺术价值。② 申请专利，争取联系加工厂批量生产。

方向5：木塑复合材料的回收利用与高效转化。该研究方向的特色和创新点在于：① 回收试样循环利用，加工“再生”WPCs，考察研究木、竹、茶塑复合材料的回收利用效率，有利于提高WPCs的循环利用率并拓宽其应用范围，也正符合人们所追求的既“生态”又“环保”的理念。② 采用热重分析仪研究木、竹、茶塑复合材料热解过程中的主要组分生物质、聚合物之间的相互作用，以及与生物质、聚合物单独热解对比，热解物产率、产物分布的变化规律。

以上五个方向针对贵州省特色生物质资源的种类和结构设计、成型加工、性能评价和典型应用，进行较为系统的基础理论研究、共性关键技术创新和重点产品开发，建立“生物质——生物质复合材料——生物质能源”产业链，通过生物质产业链条的叠加实现生物质资源利用效益的最大化，同时解决两个产业相互争夺原料的问题。

贵州省优势生物质材料（木、竹、茶等）的开发与利用实验室的宗旨在于培育和建设符合国家和省发展战略目标，具有明显的研究优势和区域特色的重点实验室。要求实验室的所有成员能够广泛地研读本专业及相关领域的文献，追踪并把握学科发展方向和前沿，不断地探索、反思和创新。每年参加国际和国内学术交流会不少于10人次，向专家请教，和同行交流思想，开拓新思路。计划在实验室建设的一个周期内推荐6名成员到国内外知名高校的博士后流动站攻读博士后或访问学习。

关于人才培养和团队建设的工作设想：在4年内建立并完善特色新材料研发团队，秉承创新信念，紧跟国际前沿和热点，着眼于贵州省的优势资源，开发绿色、节能环保材料。研发团队最终的发展目标是将研究开发的材料与具体的应用相结合，做到以创新带动开发，以开发推动创新。本研发团队的人员采用宽松流动管理，努力创造条件，积极引进优秀青年人才来团队工作，争取4年内团队人员达到30人左右，引进博士等高层次人才5人左右。同时，鼓励现有人员进一步深造和访问交流，有计划地安排团队青年科研人员攻读博士学位。4年内派出3～7位团队成员外出进修或合作研究，提高学术队伍的整体素质，为地方经济建设和区域经济发展培养和带动一批具有扎实专业技术基础的、较强科研能力的基础研究和应用研究的团队。本研发团队行政上采用主任负责制，学术上采用学术委员会制。学术委员会从内部选拔和外部聘请相结合，人数在4人左右。

关于学术合作与交流的工作设想：通过多种方式和手段加强学校内部相关学科的合作，建立校内的紧密型或松散型的合作团队，实现学科交叉与融合。加强与以下单位的合作研究和交流，包括合作研究、成果、资料与资源共享等。

（1）贵州凯科特材料有限公司；

（2）贵州中伟正源新材料有限公司；

（3）贵州大学，林学院、大数据与信息工程学院；

（4）东北林业大学，生物质科学与技术教育部重点实验室；

（5）华南农业大学，材料与能源学院；

（6）澳大利亚科学与工业研究院。

贵州省优势生物质材料（木、竹、茶等）的开发与利用实验室将积极向当地企业提供科研以及技术与决策支持服务，为促进贵州地区乃至西部地区的特色新材料发展共贡献力量。

贵州省优势生物质材料（木、竹、茶等）的开发与利用实验室的预期目标为将实验室研究队伍扩大到26人，具有正高职称的教师人数达到6人，副高职称增加到7人，中级职称的人数达到10人；总人数26人中，通过培养和引进，将具有博士学位的教师人数增加到17人；继续加强科研力量，在实验室建设的一个周期内，申请课题15项，预计申请的科研和教学经费达到96万，争取发表学术论文和专著以及研究报告的总数超过50篇，申请专利25项，参加国际国内学术会议50人次。

贵州省优势生物质材料（木、竹、茶等）的开发与利用实验室的建设规模为本实验室以建成贵州地区材料加工与性能测试公共实验平台为最终目标，更好地服务本校和临校的教师和学生，给贵州省广大师生的科研和教学活动带来方便，形成产学研协同创新的发展趋势，发挥各自优势，形成强大的研究、开发、生产一体化的先进学科并在运行过程中体现出综合优势，推动贵州省材料行业发展，并体现贵州民族大学材料科学与工程学院的特色。

贵州省优势生物质材料（木、竹、茶等）的开发与利用实验室建设进度安排为：第一阶段是2017年9月至2018年9月，实验室的阶段性研究工作进展为建立“生物质——生物质复合材料——生物质能源”的闭环设计，完善新材料研发平台建设。其中方向1贵州省优势生物质纤维的改性的阶段性研究工作进展为：搜集资料，开展选取原料的工作，主要开展对于有代表性的、贵州省优势的木、竹、茶等生物质纤维或粉末的选取，例如：马尾松、杉木、楠竹、湄江茶、毛尖茶等；方向2竹、木、茶塑复合材料的制备与检测的阶段性研究工作进展为：开展挤出法制备竹、木、茶塑复合材料的工作，并测试材料的物理、力学和蠕变性能；方向3复合材料的性能模拟与计算的阶段性研究工作进展为：探求木、竹、茶的纤维或者粉末的化学构成、形态、用量比例和改性方法等与木、竹、茶塑复合材料的物理、力学性能的关系；方向4具有民族特色的木塑产品设计的阶段性研究工作进展为：尝试加入美学元素，设计铭牌、笔筒等简单造型的木塑复合材料制品和工艺品的模具；方向5木塑复合材料的回收利用与高效转化的阶段性研究工作进展为：对于各类竹、木、茶塑复合材料的多种性能做好记录和统计，分类回收废弃的竹、木、茶塑复合材料多余样条以及实验用过的试样，并分类保存，待用。实验室的第一阶段目标为建立“生物质——生物质复合材料——生物质能源”的闭环设计，完善新材料研发平台建设，获得科研项目3～4项，发表学术论文8～12篇，撰写研究报告2～4篇，申请专利4～6项，参加学术会议4～8人次。其中方向1：贵州省优势生物质纤维的改性的阶段性目标为：经过大量的初步实验和筛选，确定贵州省特色木、竹、茶类生物质纤维或粉末，每类各取两种；方向2竹、木、茶塑复合材料的制备与检测的阶段性目标为：确定挤出法制备贵州省特色生物质纤维（竹、木、茶）增强聚合物复合材料的最佳工艺参数；方向3复合材料的性能模拟与计算的阶段性目标为：利用数理手段，以木、竹、茶的纤维或者粉末的化学构成、形态、用量比例和改性方法为变量，修正并建立描述木、竹、茶塑复合材料的物理、力学、蠕变性能的准确适用的模型；方向4具有民族特色的木塑产品设计的阶段性目标为：在确定制备工艺的基础上，完成具有观赏价值的铭牌、笔筒等造型简单的木塑复合材料制品和工艺品的加工模具的生产工作；方向5木塑复合材料的回收利用与高效转化的阶段性目标为：分类回收废弃的竹、木、茶塑复合材料多余样条以及实验用过的试样，记录好性能值并分类保存，待用。

贵州省优势生物质材料（木、竹、茶等）的开发与利用实验室建设的第二阶段是2018年10月至2019年9月，实验室的阶段性研究工作进展为建立生物质复合材料制备和性能测试实验平台。其中方向1贵州省优势生物质纤维的改性的阶段性研究工作进展为：尝试多种化学改性方法提高生物质纤维的物理和力学性能，并将其应用到复合材料的制备中；方向2竹、木、茶塑复合材料的制备与检测的阶段性研究工作进展为：开展热压法制备竹、木、茶塑复合材料的制备工作，并开展复合材料的自然、加速和极端条件下的老化行为研究；方向3复合材料的性能模拟与计算的阶段性研究工作进展为：以木、竹、茶的纤维或者粉末的化学构成、形态、用量比例和改性方法为变量，寻求描述木、竹、茶塑复合材料的自然老化和加速老化性能准确适用的模型；方向4具有民族特色的木塑产品设计的阶段性研究工作进展为：尝试利用自加工的模具，制作有民族特色的铭牌、笔筒等木塑复合材料制品和工艺品，并不断改进模具；方向5木塑复合材料的回收利用与高效转化的阶段性研究工作进展为：利用分类回收的试样，通过粉碎、造粒和挤出制备“再生”木、竹、茶塑复合材料，测试材料的物理、力学和蠕变性能，并做对比分析。通过流变性能测试了解多种木、竹、茶塑复合材料的加工特性，经过多次地反复地调整工艺，加工性能优良的“再生”WPCs。实验室建设的第二阶段目标为建立生物质复合材料制备和性能测试实验平台，获得科研项目2～5项，发表学术论文7～13篇，撰写研究报告2～5篇，申请专利3～7项，参加学术会议5～7人次。总结实验室建设的阶段科研和教学成果，撰写研究进展报告。其中方向1贵州省优势生物质纤维的改性的阶段性目标为：利用改性后的生物质纤维增强聚合物制备复合材料，解释改性纤维对提高复合材料物理和力学性能的贡献；方向2竹、木、茶塑复合材料的制备与检测的阶段性目标为：确定热压法制备贵州省特色生物质纤维（竹、木、茶）增强聚合物复合材料的最佳工艺；方向3复合材料的性能模拟与计算的阶段性目标为：以木、竹、茶的纤维或者粉末的化学构成、形态、用量比例和改性方法为变量，建立或修正描述木、竹、茶塑复合材料的自然老化和实验室加速老化性能的模型；方向4具有民族特色的木塑产品设计的阶段性目标为：利用自加工的模具，在确定制备工艺的基础上，完成具有民族特色和观赏价值的铭牌、笔筒等简单造型的木塑复合材料制品和工艺品的加工；方向5木塑复合材料的回收利用与高效转化的阶段性目标为：确定“再生”WPCs的加工工艺，解释循环加工对复合材料性能的影响，筛选出循环利用率高的配方。

贵州省优势生物质材料（木、竹、茶等）的开发与利用实验室建设的第三阶段是2019年10月至2020年9月，实验室的阶段性研究工作进展为加强特色新材料研发团队的建设。其中方向1贵州省优势生物质纤维的改性的阶段性研究工作进展为：尝试多种化学改性方法提高生物质纤维的抗蠕变和耐老化性能，并将其应用到复合材料的制备中；方向2竹、木、茶塑复合材料的制备与检测的阶段性研究工作进展为：尝试利用注塑法和热压法制备竹、木、茶塑复合材料；方向3复合材料的性能模拟与计算的阶段性研究工作进展为：以木、竹、茶纤维或者粉末的化学构成、形态、用量比例和改性方法为变量，寻求描述木、竹、茶塑复合材料在极端条件下老化性能准确适用的模型；方向4具有民族特色的木塑产品设计的阶段性研究工作进展为：改善加工工艺，尝试制作更大的模具，加工有民族特色的、带有花纹和花边等适当装饰的铭牌、书架等木塑复合材料制品或工艺品，并申请专利；方向5木塑复合材料的回收利用与高效转化的阶段性研究工作进展为：对“再生”木、竹、茶塑复合材料，进行室内自然老化、户外自然老化、实验室加速老化和在极端条件下的老化性能测试，并做对比分析。通过流变性能测试了解多种木、竹、茶塑复合材料的再加工特性，经过多次反复地调整工艺，加工耐老化的“再生”WPCs。实验室建设的第三阶段目标为加强特色新材料研发团队的建设，引进高层次人才1～2人，获得科研项目3～5项，发表学术论文8～13篇，撰写研究报告2～5篇，申请专利4～7项，参加学术会议5～8人次。其中方向1贵州省优势生物质纤维的改性的阶段性研究目标为：利用改性后的生物质纤维增强聚合物制备复合材料，揭示改性纤维提高复合材料抗蠕变和耐老化性能的机理；方向2竹、木、茶塑复合材料的制备与检测的阶段性研究目标为：确定注塑法制备贵州省特色生物质纤维（竹、木、茶）增强聚合物复合材料的最佳工艺，总结出复合材料的自然、加速与在极端条件下的老化性能的内在联系和影响因素；方向3复合材料的性能模拟与计算的阶段性研究目标为：利用数理手段，以木、竹、茶的纤维或者粉末的化学构成、形态、用量比例和改性方法为变量，建立或修正描述木、竹、茶塑复合材料在极端条件下的抗老化性能的模型；方向4具有民族特色的木塑产品设计的阶段性研究目标为：设计出更大的、造型复杂的模具，加工出有民族特色的、更具设计感的铭牌、书架等木塑复合材料制品或工艺品，并申请专利；方向5木塑复合材料的回收利用与高效转化的阶段性研究目标为：确定制备耐老化的“再生”WPCs的加工工艺，解释循环加工对复合材料老化性能的影响，并筛选出循环利用率高的配方。

贵州省优势生物质材料（木、竹、茶等）的开发与利用实验室建设的第四阶段是2020年10月至2021年9月，实验室的阶段性研究工作进展为利用科研成果反哺教学，增设复合材料课程群和复合材料教研室。其中方向1贵州省优势生物质纤维的改性的阶段性研究工作进展为：针对各种生物质纤维增强聚合物复合材料的物理、力学、蠕变和老化性能，总结归纳各种化学法改性纤维的特点和效果；方向2竹、木、茶塑复合材料的制备与检测的阶段性研究工作进展为：比较挤出法、热压法和注塑法所制备出的材料性能特点，寻求各种纤维增强材料的最佳制备方式；方向3复合材料的性能模拟与计算的阶段性研究工作进展为：探求木、竹、茶的纤维或者粉末的化学构成、形态、用量比例和改性方法等与木、竹、茶塑复合材料的回收利用率和能源转化率的关系；方向4具有民族特色的木塑产品设计的阶段性研究工作进展为：申请专利，联系加工厂，争取实现批量生产；方向5木塑复合材料的回收利用与高效转化的阶段性研究工作进展为：采用热重分析仪研究木、竹、茶塑复合材料热解过程中的主要组分生物质、聚合物之间的相互作用以及与生物质、聚合物单独热解对比，热解物产率、产物分布的变化规律。实验室建设的阶段性目标为获得科研项目2～3项，发表学术论文7～11篇，撰写研究报告1～3篇，申请专利3～5项，参加学术会议4～6人次，总结实验室建设一周期的科研和教学成果，撰写研究报告，并利用科研成果反哺教学，增设复合材料课程群和复合材料教研室。其中方向1贵州省优势生物质纤维的改性的阶段性研究目标为：在平衡多种性能的基础上，正确地评价各种化学方法对于纤维改性的特点和效果，并优化改性方式；方向2竹、木、茶塑复合材料的制备与检测的阶段性研究目标为：在复合材料的多种性能中确定平衡材料物理、力学、抗蠕变性能和耐老化性能的最佳工艺；方向3复合材料的性能模拟与计算的阶段性研究目标为：以木、竹、茶的纤维或者粉末的化学构成、形态、用量比例和改性方法为变量，建立或修正描述木、竹、茶塑复合材料回收利用率和高效转化率的模型；方向4具有民族特色的木塑产品设计的阶段性研究目标为：申请专利，并得到授权，争取投产。方向5木塑复合材料的回收利用与高效转化的阶段性研究目标为：深入地解释木、竹、茶塑复合材料快速热解规律，为实现木、竹、茶塑复合材料高效转化利用提供理论依据。

参考文献

[1] 车琛. 我国林业碳汇市场森林管理项目的潜力研究[D]. 北京林业大学，2015.

[2] 安元强，郑勇奇，曾鹏宇，等. 我国林木种质资源调查工作与策略研究[J]. 世界林业研究，2016:1-9.

[3] 常娴. 贵州低碳经济发展模式研究[D]. 贵州大学，2015.

[4] 王清文，王伟宏. 木塑复合材料与制品[M]. 北京：化学工业出版社，2007:11-15.

[5] 李炯炯，李城，易钊，等. 户外用木质地板材料研究与应用进展[J]. 中国人造板，2015，12:1-3.

[6] Sudar A, Renner K, Moczo J, et al. Fracture resistance of hybrid PP/elastomer/wood composites[J]. Compos. Struct., 2016, 141: 146-154.

[7] Jose M, Sara S, Fernando F S, et al. Impact of high moisture conditions on the serviceability performance of wood plastic composite decks[J]. Mater. Des., 2016, 103: 122-131.

[8] Maldas D, Kokta B V, Daneault C. Thermoplastic composites of polystyrene: effect of different wood species on mechanical properties[J].J. Appl. Polym. Sci., 1989, 38(3): 413-439.

[9] Sapuan S M, Leenie A, Harimi M, et al. Mechanical properties of woven banana fibre reinforced epoxy composites[J]. Mater. Des., 2006, 27(8): 689-693.

[10] Neagu R C, Gamstedt E K, Berthold F. Stiffness contribution of

various wood fibers to composite materials[J].J. Compos. Mater., 2006, 40(8): 663-699.

[11] Migneault S, Koubaa A, Erchiqui F, et al. Effect of processing method and fiber size on the structure and properties of wood–plastic composites[J]. Compos. Part A, 2009, 40: 80-85.

[12] Martin C N Y, Ahmed K, Alain C, et al. Effect of bark fiber content and size on the mechanical properties of bark/HDPE composites[J]. Compos. Part A, 2010, 41: 131-137.

[13] Hassine B, Ahmed K, Patrick P, et al. Effects of fiber characteristics on the physical and mechanical properties of wood plastic composites[J]. Compos. Part A, 2009, 40: 1975-1981.

[14] Ben Brahim S, Ben Cheikh R. Influence of fibre orientation and volume fraction on the tensile properties of unidirectional Alfa-polyester composite[J]. Compos. Sci. Technol., 2007, 67(1): 140-147.

[15] Dikobe D G, Luyt A S. Effect of filler content and size on the properties of ethylene vinyl acetate copolymer–wood fiber composites[J]. J. Appl. Polym. Sci., 2007; 103(6): 3645-3654.

[16] 于艳滨，唐跃，姜蔚. 木塑复合材料成型工艺及影响因素的研究[J]. 工程塑料应用，2008，36(11)：36-40.

[17] 王春红，刘胜凯. 碱处理对竹纤维及竹纤维增强聚丙烯复合材料性能的影响[J].复合材料学报, 2015, 32(6): 683-690.

[18] Tamrakar S, Lopez A R A, Kiziltas A, et al. Time and temperature dependent response of a wood-polypropylene composite[J].Compos. Part A, 2011, 42(7):834–842.

[19] Tasciouglu C, Yoshimura T, Tsunoda K. Biological performance of wood-plastic composites containing Zinc borate: Laboratory and 3-year field test results[J].Compos. Part B, 2013, 51:185-190.

[20] 李慧媛，周定国，吴清林. 硼酸锌/紫外光稳定剂复配对高密度聚乙烯基木塑复合材料光耐久性的影响[J]. 浙江农林大学学报，2015，32(6)：914-918.

[21] 徐朝阳，朱方政，李大纲，等. 光和水对 HDPE/稻壳复合材料颜色的影响[J]. 中国人造板，2010(4)：12-15.

[22] 潘祖仁. 高分子化学[M]. 北京：化学工业出版社，2005.

[23] Matuana L M, Jin S, Stark N M. Ultraviolet weathering of HDPE/wood-flour composites coextruded with a clear HDPE cap layer[J].Polym. Degrad. Stab., 2011,96(1):97-106.

[24] Stark N M, Matuana L M. Ultraviolet weathering of photostabilized wood-flour-filled high-density polyethylene[J].J. Appl. Polym. Sci., 2003, 90(10): 2609-2617.

[25] Fabiyi J S, McDonald A G. Physical morphology and quantitative characterization of chemical changes of weathered PVC/pine composite[J]. J. Polym. Environ., 2010, 18(1):57-64.

[26] 周吓星，陈礼辉，黄舒晟，等. 竹粉/聚丙烯发泡复合材料加速老化性能的研究[J]. 农业工程学报，2014，30(7): 287-292.

[27] 王伟宏，王晶晶，黄海兵，等. 纤维粒径对木塑复合材料抗老化性能的影响[J]. 高分子材料科学与工程，2014，30 (5)：92-97.

[28] 沈洋，龚迎春，王云，等. 自然气候老化对木塑地板性能的影响[J]. 西南林业大学学报，2015，35(2):100-104.

[29] Fabiyi J S, Mcdonald A G. Effect of wood species on property and weathering performance of wood plastic composites[J]. Compos., 2010, 41: 1424-1440.

[30] 孙娟. 杉木、马尾松细观力学性能及热处理材性能研究[D]. 内蒙古农业大学，2009.

[31] 王正. 木塑复合材料界面特性及其影响因子的研究[D]. 中国林业科学研究院，2001.